JN086086

文系でもよくわかる

宇宙最大の謎!

時間の本質を物理学で知る

松原隆彦

山と溪谷社

はじめに

「時間がない」

「今日は時間があるので〜」

「時間をつくりますね」

「少しだけ時間をいただけませんか？」


誰もがこうした言葉を普段から何げなく使っている。

でも、よくよく考えると「時間がない」とはどういうことだろう。

誰も時間を「つくる」ことなんてできないし、貸し借りすることもできない。そもそも時間はあったりなかったりするのだろうか。

本文で詳しく述べていくが、物理学では時間を「ラベル」として捉えている。というよりも、ラベルでしかない。

物がいつ、どこで、どう動いたかによって位置がわかる。その「いつ」を表すラベルだ。

例えば、私の専門は宇宙論で、なかでも「宇宙の構造がどのようにできてきたのか」を研究テーマにしている。

宇宙ができたのは今から138億年前で、その3桁の数字に誤差はほぼないことがわかっている。

そして、これもあらためて詳しく紹介するが、宇宙の誕生から1ナノ秒（10億分の1秒）後、1マイクロ秒（100万分の1秒）後、1ミリ秒（1000分の1秒）後、1秒後までにそれぞれどんなことが起こったのかもわかっている。その「どの順番で起こっていったのか」という流れを記述するためのラベルが、時間だ。

宇宙が誕生してから最初の1秒間にはかなり濃密にいろいろなことが起きている。次の1分までの間にもそれなりにたくさんのことが起き、次に大きな変化が起きるのは数分後、数日後、数十万年後、1億年後……と、だんだんと変化のスパンは大きくなっていく。

最初はミリ秒単位で状況が刻々と変わっていっていたのが、次第に秒単位になり、日単位になり、年単位になり、万年単位になり、億年単位になっていく。

こうした宇宙の進化を眺めていると、私たちの生きている時間（時計で計る時間）は一様に流れているものの、宇宙の初期には今とは全く違う類の時間が流れていたのではないかと感じてしまう。それほど、宇宙初期は濃密だ。

今の私たちにとって、1秒という時間はごくわずかな、すぐに過ぎ去る時間だ。例えば今と1秒前で宇宙に何か大きな変化があっただろうか。おそらく何も感じないだろう。しかし、宇宙初期には1秒の間に物事がものすごいスピードで進み、驚くほどいろいろな出来事が起こっている。

宇宙論を研究していると、宇宙初期に遡れば遡るほど出来事の単位が短くなっていくので、同じ1秒といっても私たちが直感的に思うような1秒とは違う。では、時間とは一体何なのだろうかと、不思議な感覚に陥ってしまう。

時計が刻む時間だけが時間ではない

そもそも時間というのは、不思議なものだ。

物理学を研究していると、原子時計が刻む時間のように一定のリズムで正確に時を刻む物理学的な時間がすべてのように思いがちだが、実際の感覚ではそうではない。

誰といるか、何をしているかで時間の進みが遅く感じることもあれば速く感じることもあるように、心理的な時間もある。

物理学的な時間では、1秒、1分といった時間も、1年という時間も、一定のリズムで進んでいく同じ時間で単に長さが違うだけだ。しかし、人間の感覚としてはずいぶん違う。時計の秒針が1回転して戻ってくるのをじっと見ていると、時の進みはゆっくりに感じられるかもしれないが、一方で、1年前を振り返ると、「もうあれから1年経ったのか。早いな」と、1年があっという間に過ぎ去ったように感じる。


あるいは、自分が生きている間の時間の流れは感じられても、生まれる前の時間の流れはわからない。例えば、さまざまな証拠をかき集めて1000年前にこういうことがあった、ともっともらしくいっているが、1000年前から今に至るまでの時間の流れを自分の経験として実感できる人は誰もいない。

宇宙論の研究にしても、宇宙が誕生したのが138億年前なので、「1億年前」というとつい最近の出来事だと思ってしまう。年齢が上がるにつれて1年前が〝ついこの間〟になってくるのと同じような感覚だ。

138億年という宇宙の歴史を研究していると、1億年が1年で、100億年が100

年というような感覚になってしまうが、では、100億年という感覚を実際にもっているかというと、当然、もってはいない。100億年という年月がどういうものかを自分で経験したことのように本当の意味で実感することはできない。数字上の感覚でしかない。


時間はこの先も永遠に存在し続けていくのか。

そもそも時間はどうやって生まれたのか。

時間はなぜ生まれたのか。

時間とは一体何なのか――。


物理学者のなかにはこうした混沌とした問いに立ち向かおうとしている人もいるが、一人ひとり考え方は違い、定説といわれるものは今のところない。

それだけ時間は、見方によって異なる、さまざまな多様性をもっているということだ。

時間の不可解さは、哲学者や心理学者にとっても惹かれる、重要なテーマのひとつとなっている。

この本では、
物理学者はどのように時間を扱ってきたのか（1章）
今につながる時間はどのように始まったのか（2章）
時間の終わり、そして宇宙の終わりはどのように訪れるのか（3章）
時間を計る道具によって私たちの生活はどのように変わってきたのか（4章）
「1日24時間」はずっと変わらないのか（5章）
と、時間というものをいろいろな角度から見ていく。

そうすることで、時間とはいつも変わらずに存在し、一方向に流れ続けているだけの存在ではないことがわかってくるはずだ。そもそも物理学では「過去から未来に時間が流れる」ということさえ、まったく自明なことではない。

当たり前のように感じられていた時間の流れが、実は当たり前ではないことを体感し、時間というものに対する概念が揺らぐことを楽しんでいただけたらうれしい。

文系でもよくわかる 宇宙最大の謎! 時間の本質を物理学で知る【目次】

3章 時間の「おわり」――宇宙に終わりは訪れるのか……93

1章
「物理学」の時間
——物理学者は時間をどう扱ってきたのか

ホーキングが撤回した「逆転する時間」

この章では、物理学、あるいは物理学者が、これまでどのように時間を扱ってきたのかを見ていこうと思う。「時間とは何か」は、現代の物理学でも、誰もが認める説が定まっているという段階ではない。それだけに、ときには突飛でユニークな理論が語られることもある。

例えば、宇宙の起源やブラックホールの謎に迫り、車いすの天才物理学者として知られたスティーブン・ホーキングも、後に間違いを訂正したものの、時間についてユニークな仮説を打ち出したことがあった。

それは、時間は逆転するというものだ。

私たちの宇宙は、膨張を続けている。宇宙が膨張していることが発見されたのは、今から90年以上も前、1927年のことだ。

ホーキングは、宇宙が膨張しているときには時間は今と同じように流れていくが、宇宙が収縮し始めると、時間が逆転して、私たちが知っているのとは逆方向に時間が進んでいくという説を唱えた。つまり、宇宙の収縮期にいる人たちは、生まれる前に死に、宇宙が収縮するにつれて若返っていくことになる。

ところが、教え子の学生にいろいろと計算させたところ、うまくいかず、「いや、うまくいくはずだ」と何度も計算をやり直させたものの、結局はどうやっても計算は成り立たないことがわかり、「自分が間違っていた」と誤りを認めて撤回した。そんな人間味あふれる逸話が残っている。

1980年代のことなので、ホーキングが40代の頃のエピソードだ。このことについては、全世界で1000万部を超える大ベストセラーになった『ホーキング、宇宙を語る』(早川書房)でも触れられているので、少しだけ引用させていただく。

「このようなまちがいをしたときには、いったいどうすればよいのか？　中にはまちがいをけっして認めようとしない人たちもいて、自分の立場を弁護するために、新しい、そしてしばしばたがいに矛盾する論拠を見つけだしてくる――ブラックホール説に反対した際のエディントンがそうだった。(中略)まちがったことを文章のかたちで認めるほうがずっといいし、混乱を引き起こさなくてすむのではなかろうか」

こんなふうにユーモアたっぷりに振り返っている。

ちなみに、エディントンとは、著名な天体物理学者のアーサー・エディントンのことだ。

1935年にロンドンで開かれた王立天文学協会の会合で、インド生まれの若き天体物理学者チャンドラセカールが、ある一定の質量を超えた星が終わりを迎えるときにブラックホールになり得ることを発表したところ、当時、学会の重鎮であったエディントンが頭ごなしに否定した。そのせいでブラックホールの研究は40年遅れたともいわれている。ホーキングが引き合いに出しているのは、その話だ。

知らない方のためにエディントンのフォローを付け足すと、エディントン自身も、アインシュタインの一般相対性理論をいち早く理解し、その検証観測をしたことでもよく知られている天才的な物理学者である。

まとめ
ホーキングは、宇宙が膨張から収縮に向かえば時間は逆転すると考え、のちに撤回した

時間の流れは錯覚か—「ボルツマン脳」「世界5分前仮説」

後述する、時間の向きを表すといわれるエントロピーは乱雑さを表す「量」であり、数字で表すことができる。その計算式を見つけたのが、ウィーン出身の物理学者ルートヴィッヒ・ボルツマンという人だ。

ボルツマンといえば、「ボルツマン脳」と呼ばれる面白い思考実験がある。

エントロピー増大の法則に則れば、宇宙はどんどん乱雑さを増していくはずである。ということは、さまざまな粒子が何の構造もつくらず、バーッと宇宙にばらまかれている状態が、最も自然な状態だ。ところが、私たちが知っている宇宙はものすごく整然としている。周りを見渡せば物に囲まれていて、何より、人間が生きていること自体がとてつもなく不自然だ。

例えば、コーヒーにミルクを入れてかき混ぜると混ざる。放っておいたらミルクが1カ所に集まっていた、などということは絶対にあり得ない。

けれども、宇宙では、放っておくと人間という高度な生き物が形づくられ、思考というよくわからないことが自然に行われている。よく考えれば、非常に不思議なことだ。

そうであれば、乱雑さが増すなかでも、ものすごく小さい確率で偶然に物ができあがるということがあるのかもしれない。

コーヒーにミルクを入れれば一様に混ざって茶色になる。しかし、たまたまの偶然でミルクを構成するすべての粒子が1カ所に集まる方向にどんどん動いていく確率はゼロではない。0・00000……1%と、0が何百個も大量に続くようなごくごく小さな確率だとしても、ゼロではない以上、絶対に起こらないとは言い切れない。

そして、コーヒーのミルクが1カ所に集まることがあり得るのであれば、もっと複雑なこともあり得るだろう。宇宙に何も構造がなくて、粒子がバラバラに存在しているなかで、それが何かの偶然でぐぐーっと1カ所に集まって人間の脳、つまり意識をつくり出すこともありえるのではないか。人間の体も、もちろん脳も粒子の集まりでできていて、ある特定の粒子配置によって今のあなたの意識や記憶、感情をもった脳ができあがっている。そう考えると、宇宙にバラバラに存在していた粒子が、たまたまの偶然に、あなたの意識や記憶、感情をもった脳を構成する方向に動いていくこともあり得る。そうすれば突如、宇宙にあなたの〝心〟が出現するわけだ。

偶然、脳や意識ばかりでなく、整然とした宇宙ができてしまったのではないか、というのが「ボルツマン脳」の考え方だ。

このように、バラバラの粒子が一様にばらまかれているようなエントロピーの高い状態から、ごくごくわずかな確率でエントロピーが低下する方向に動き、現在のような秩序構造をもつ宇宙が出現した可能性を最初に指摘したのがボルツマンであり、こうした思考実験が、のちにボルツマン脳、もしくはボルツマン宇宙と呼ばれるようになった。

SF小説の金字塔といわれるスタニスワフ・レムの『ソラリス』にも、ボルツマン脳にインスパイアされたかのような世界観が描かれている。

知性をもつとされる海が星全体を覆っている惑星ソラリスを、心理学者のケルヴィンが訪れる。ステーションの中は奇妙な混乱に陥っていた。そして、ケルヴィンの前に10年前に自殺した妻のハリーが現れる。その腕には自殺した時の注射の跡がそのまま残っていた。

人間の意識を読み取り、再生できるソラリスの海のような知性体が存在すれば、ボルツマン脳の考えに基づき、遠く離れた空間、時間において、人間の意識と肉体が再生することも不可能ではない。

世界5分前仮説

同じような思考実験に「世界5分前仮説」というものもある。これはイギリスの哲学者バートランド・ラッセルが提唱したものだ。

宇宙が始まってから今までに138億年が経ったことが、現代の科学によってわかっている。しかし、たまたま、ほんの少し前にこの宇宙ができた可能性も否定できないのではないか、というのが「世界5分前仮説」だ。

例えば、古い化石が見つかれば、詳しく調べて何万年、何億年前にはこういう生き物がいた証拠だ、などといわれる。あるいは、江戸時代の記録がいろいろと出てくれば、私たちは「ああ、江戸時代という時代があったのだ」と信じる。

けれども、それらがすべて同時にできたとしたらどうだろうか。進化のプロセスなど一切なく、化石も古文書も人の記憶もすべてが揃った形で突然この宇宙が生まれたとしたら……。今あなたが手にしてくださっているこの本も、私は何日もかけて書き上げたと思っているが、実は「がんばって書いたもの」という記憶とともに突然生まれただけかもしれない。その確率はまったくのゼロではないのだ。

そう考えると、時間が流れていることさえ思い込みにすぎないということになる。過去が存在していると信じているから、私たちは時間が流れていると感じる。しかし、実際に私たちが認識しているのは「今このとき」だけだ。

そうすると、極端なことをいえば、この宇宙ができたのは1週間前かもしれないし、ほんの5分前かもしれない。私たちは時間の流れを感覚しているような気がするが、このように考えていくと、「見かけ上、信じ込んでいるだけ」ということも成り立つのだ。

これらはあくまでも思考実験でしかないのだが、「ボルツマン脳」も「世界5分前仮説」も明確に否定することはできない。

まとめ

ごくごく小さな偶然が重なって突然、人間の脳や宇宙が生まれたと仮定すれば、時間の流れも錯覚にすぎない

ニュートンが考えた「絶対時間」

時間について真っ向から考え、その考えを記した最古の人は、古代ギリシアの哲学者アリストテレスだといわれている。

「時間とは『より先・より後』という観点における、運動変化の数である」

こう、著書『自然学』に記している。つまりアリストテレスは、物の変化が起きて初めて時間というものを認識できる、運動や物の変化なしに時間は存在しない、と考えた。

そこから時代は飛び、時間とは何かという問いに、ひとつの明確な答えを示そうとした物理学者がアイザック・ニュートンだ。

ニュートンは、「絶対時間」という概念を打ち立てた。

あらゆる場所、あらゆる人に共通して同じように時間が流れているというのが絶対時間だ。アリストテレスの考えた時間とは異なり、物の動きや人の存在に左右されることなく、一様に、同じテンポで流れ続ける。絶対時間には「始まり」も「終わり」もなく、太古の昔から未来に至るまで、ずっと同じように流れ続けていく。

この考えはのちに相対性理論によって否定されることになるが、今の私たちにとっても、ごく一般的な感覚に近いのではないだろうか。「わざわざ定義することか？」とさえ思うかもしれない。

しかし、私たちは生まれたときから時計が身近にあるから、一定のテンポで時を刻むか、過去から未来へ時間が直線的に流れていくという感覚を当たり前のようにもっているが、現在のような時計がなかった時代には、そうした感覚はもちにくかっただろう。

昔の人たちは、太陽の動きで「1日」という時間を感じ、月の満ち欠けで「1カ月」という時間を感じていた。あるいは、春夏秋冬と季節が巡ってまた元に戻る、畑を耕して苗を植えて収穫するというように、時は巡るという感覚をもっていただろう。

また、1時間という時間の長さも、今のように一定ではなかった。古代エジプトでは、日の出から日の入りまでを昼、日の入りから日の出までを夜として、1日をまず昼と夜に分け、それぞれを12等分することで1時間という長さを決めていた。だから、1時間は季節によって伸び縮みするものだった。

そういう生活をしていたら、絶対時間という概念は出てこないだろう。太陽の動きとともに生活し、日が高く昇っているのを見て、「あ、そろそろ昼ご飯を食べる頃合いだ」とお昼休憩にする、そんな感覚だったのではないだろうか。

そうした人々の感覚が変わっていったのは、文明が発展して機械式時計が登場したあたりからだろう。時計の変遷については4章であらためて紹介するが、ニュートンが自著『プリンシピア　自然哲学の数学的原理』で絶対時間と絶対空間という概念を記す30年ほど前に、オランダの物理学者クリスチャン・ホイヘンスが振り子時計を完成させた。それによって、人々の間で時はほぼ正確に刻まれるようになっていった。

座標の発見が時間に永遠の流れを与えた

また、ニュートンが生まれるほんの少し前に、X軸とY軸の2軸で位置を表す「座標」が発明されていたことも大きかった。座標では、まず原点を置き、そこから北に何メートル、東に何メートルと数字を2つ、もしくはZ軸を加えて高さを表すと場所がひとつに決まる。

発明したのは、「我思う、故に我あり」の言葉で有名なルネ・デカルトだ。そのため、デカルト座標とも呼ばれる。デカルトといえば哲学者としてよく知られているが、数学者としても著名である。

ニュートンの時代には、デカルト座標はそれほどポピュラーではなかったかもしれない。しかし、目には見えない時間や空間に対して人工的な座標を張り出したことは、大きな発明だ。座標は、軸を伸ばしさえすればどこまでも続く。

このデカルト座標が発明されたことで、時間が一方向に同じテンポで流れるという感覚が生まれた。また、精度の高い機械式時計が発明されたことで、どこでも同じように時間が流れているという概念が徐々にでき、絶対時間という概念につながったのではないだろうか。座標という発明もなく、時計も時刻表もないままであれば、時間がどこでも同じように進んでいるという感覚を人々はもち得なかったと思う。

今から300年も前にニュートンは、慣性の法則、運動方程式、作用・反作用の法則という運動3法則からなるニュートン力学を確立した。ニュートン力学をごく簡単にいえば、物体がどんな力を受ければどんな動きをするのかを表した法則だ。現在でも、身の回り……いや、地球上で起こっていることで目に見えるような物体の動きなら、ほとんどのことがこのニュートン力学で説明がつく。

ニュートンがこれらの法則を記したのが『プリンシピア』であり、その冒頭に紹介したのが絶対時間（と絶対空間）という概念だ。

ニュートン力学では、例えばボールをあるスピードで投げたら、1秒後、2秒後、3秒後にはこうなるといったことを教えてくれる。ただし、動きとして教えてくれるわけではなく、1秒後、2秒後、3秒後といったポイント、ポイントでの未来だ。つまり、時間は「いつ」を表すラベルとして使われている。

「はじめに」で、物理学において時間はラベルでしかない、と書いた。そのラベルが、計る人によってズレていたら困ってしまう。どこで計っても、誰が計っても、どうやって比べても同じなのが絶対時間であり、だからこそ普遍的な基準として使うことができる。

まとめ
ニュートンはどこでも一様に時を刻む「絶対時間」をもとにニュートン力学を確立した

エントロピーが増えることが時間の本質なのか

ニュートンは著書『プリンシピア』の中で、絶対時間について次のように記した。

「絶対的な、真の、数学的な時間は、おのずから、またそれ自身の本性から、他の何者にも関わりなく、一様に流れるもので、別の名では持続と呼ばれる」『プリンシピア　自然哲学の数学的原理』（アイザック・ニュートン著、中野猿人訳　講談社）より

つまり、ニュートンは過去から未来へ一定のテンポで流れ続ける時間が存在する、と考えた。確かに、私たちは過去から未来へ時間を順番に経験していく。

しかし、時間が「流れる」ことが証明されているわけではない。ニュートン力学が教えてくれるのは、「ポイント、ポイントでの未来だ」と先ほど述べた。

もう少し詳しく説明すると、「1秒後の未来には何が起きる」「2秒後の未来には何が起きる」「3秒後の未来には何が起きる」……というように未来のことをポイント、ポイン

トで予言することはできる。そのポイント、ポイントの未来を順番に見ていくと、動いているように感じられ、あたかも時間が流れているように見える。

例えるなら、パラパラ漫画や昔のフィルム映画のようなものだ。たくさんのコマを連続して見るから動いているように見えるが、実際にあるのは「ある瞬間にこうなっている」という静止画だ。そして、パラパラ漫画もフィルム映画も、順番に見るから動きが出てきて物語が生まれるが、必ずしも順番どおりに見なければいけないわけではない。ランダムに見ることもできる。

それと同じで、時間も、必ずしも過去から未来に流れなければいけないわけではない。ニュートン力学でも、現在までにわかっている物理学の理論を見渡しても、「時間が流れなければいけない」「過去から未来へ流れなければいけない」という自明な根拠は見つかっていない。

例えば、Aさんが10メートル離れた場所に立つBさんに向かってボールを投げれば、ボールは弧を描くようにして空中を移動し、Bさんのもとに届く。その様子は、0・1秒後にはボールはどの位置にあり、0・2秒後にはどの位置にあり……と、それこそコマ送りのように説明することができる。

では、そのコマ送りの映像を逆回転したらどうだろうか。Bさんの手元が映っていると、「どうやって投げたの？」という不思議さは残るが、ボールだけを追ってみると、ただBさんからAさんにボールが移動しただけだ。たとえAさんがBさんに向かってボールを投げたのが真実の順番だったとしても、逆向きでも成り立つ。時間が過去に戻るような動きも考えられるわけだ。

ニュートン力学では過去と未来は完全に対称になっている。実は、このことは、電気と磁気の現象を扱う電磁気学でも、この後に紹介する相対性理論でも同じだ。

放っておくと乱雑さが増す

では、時間を戻すことのできない動きはないのだろうか。もちろん、そんなことはない。私たちが経験する現実の多くは、やり直しが利かない。

これにひとつの答えをくれるのが、熱力学だ。

熱とは運動エネルギーである。熱を与えると、温度が高くなり、粒子の動きは激しくなる。逆に温度の低いところでは粒子の動きは遅くなる。

そして、粒子がたくさんあるときの運動を考えると、不可逆性が生まれてくる。例えば、冷たい水が入っているコップに熱いお湯を注いだら、かき混ぜなくても自然に混ざり合ってぬるま湯になる。しかし、ぬるま湯になった状態から、元の水とお湯に分かれていくことはない。同じように、温かい空気と冷たい空気をひとつの箱の中に閉じ込めると、放っておいても混ざり合ってやがて同じ温度になる。その逆には進まない。

なぜかといえば、「エントロピーは減らないから」と説明することができる。

エントロピーとは、ごく簡単にいえば「乱雑さ」を表す物理量だ。前述したボルツマンがその計算式を発見した。エントロピーが高いほど乱雑さが増し、エントロピーが低いほど、乱雑さが減る。

先ほどの冷たい水にお湯を注ぐ例でいえば、注いだ直後は水分子が激しく動いている領域（お湯）と水分子の動きがおとなしい領域（冷たい水）が分かれていたのが、自然に混ざり合っていく過程でぬるくなっていく。つまり、乱雑さが増していく。エントロピーが高くなるということである。

自然界では放っておくと物事は乱雑さが増す方向（＝エントロピーが増える方向）に必

ず向かう。これが、熱力学で有名な「エントロピー増大の法則」だ。

日々生活をしていると、気がついたら部屋が散らかっていくことはよくあっても、「よし、今日こそは掃除をしよう」などと意志の力を働かせない限り、散らかっていた部屋がおのずとスッキリ片付いていくことはない。それと同じで、エントロピーの高い状態（散らかった部屋）からエントロピーの低い状態（整然と片づけられた部屋）に自然に変化していくことはない。

ここに、不可逆的な動きの向きが生まれる。時間に方向性が生まれるのである。

この「エントロピーが増える」ことが時間の本質である、と主張する物理学者もいる。

まとめ

ニュートン力学が予言する物体の動きは、逆向きの動きもできる。物体がたくさん集まると、エントロピー（乱雑さ）が増す方向のみに動き、不可逆的な向きが生まれる。それが時間の本質と考える人もいる

アインシュタインが発見した時間

『インターステラー』という映画がある。

地球が寿命を迎えつつある近未来を舞台にしたSF映画で、居住可能な新たな惑星を探すミッションに参加することになった主人公の男性が、仲間とともに未知の宇宙へ旅立つ。男性には幼い娘と息子がいるが、ミッションの果てに地球に戻ってくると、男性自身は地球を出たときのままなのに、地球上の人たちはみなすっかり年を取っていて、ラストに感動の再会が待っている。そんなストーリーだ。

映画では物語がドラマティックにどんどん進んでいくので、「なぜ地球上の時間と、宇宙空間で主人公が体験する時間はそんなに違うのか」、しっかり説明されるわけではない。「ここでの1時間は地球上の7年間に相当する」といったセリフがちりばめられている程度だ。

ただ、この映画には製作総指揮として理論物理学者のキップ・ソーンが参加していて、物理学の理論をベースにしっかりつくり込まれている。

ではなぜ、地球上と宇宙で時間はズレるのだろうか――。

この理由を説明してくれるのが、アルベルト・アインシュタインが導き出した「相対性理論」だ。


ニュートンは、時間は誰にとってもどんな場所でも共通の絶対的なものであると考えたのに対して、アインシュタインは「いや、時間（や空間）は見る人や立場によって相対的なものだ」と考えた。そして、アインシュタインのいう「相対性」は確かに真実だったのだ。

相対性理論には2種類ある。どちらも基本的な考え方はアインシュタインがほぼ一人で築き上げたもので、1905年に発表した「特殊相対性理論」と、それを発展させて10年がかりでつくり上げた「一般相対性理論」の2つだ。

先に提唱された特殊相対性理論は、動いているものの時間は遅く進むという理論だ。スピードが速ければ速いほど、止まっている人に比べて時間の進むスピードはゆっくりになる。

アインシュタインは、子どもの頃から「もしも光と同じスピードで自分も動いたら、光はどう見えるのか」という問題意識をずっともっていた。彼はひらめきの天才でもあるが、ひとつのことをじっくり考え続けるタイプでもあったのだろう。子どもの頃から抱いていた問いが、特殊相対性理論につながったといわれている。

ところで、「ウラシマ効果」という言葉を聞いたことがあるだろうか。SF作品に時折出てくる現象だ。光速に近いスピードの宇宙船に乗って宇宙を旅して地球に帰ってきたら、地球上では何倍も時間が経っていた、というものだ。浦島太郎になぞらえて日本ではウラシマ効果と呼ばれるが、双子の一方が宇宙を旅して帰ってきたら、地球上で待っていたもう一方とは年齢が変わるのかという問いから「双子のパラドックス」とも呼ばれる。

これは特殊相対性理論に基づく現象だ。ただ、宇宙に長期滞在して帰還した宇宙飛行士を見ても、自分たちと違う時間を経験していたと感じたことはないと思う。高速で移動する人の時間は遅くなるので、止まっている人に比べて相対的に若くなる（年を取らない）はずだが、そんなふうに感じることはないだろう。

それは、今のロケットや宇宙ステーションはまだまだスピードが遅いからだ。光速に近くなるとウラシマ効果が出てくるが、そこまでスピードを上げようと思うと燃料がとてももたない。

なぜ離れた物同士が引っ張り合うのか

インターステラーにおいても、時間のズレは主に一般相対性理論によるものだ。

特殊相対性理論は、一定の速さで動いている（止まっている）者同士の間にどういう関係があるのかという特殊な状況下での時間と空間の変化を示すものであり、それをどんなときにも当てはまるように一般化したものが一般相対性理論だ。

一般相対性理論によって解き明かされたのは、巨大な物体のまわりでは重力が時空間をゆがませて時間が遅く進むということだ。

ニュートンの万有引力の法則では、質量をもった物と物の間にはお互いに引き寄せる引力が働くことがわかった。ただ、離れたところにある物と物の間になぜそのような力が働くのだろうか。ニュートンはその「なぜ」については何も語っていない。

アインシュタインは特殊相対性理論をつくり上げた後、特殊相対性理論によって明らかになった「時間と空間は伸び縮みする」ことを使って、万有引力の法則を説明できないか、と考えた。そして、時空間が曲がっていると考えると、万有引力の法則を説明できることに気づいた。

物と物は直接引っ張り合っていたわけではなく、物がもつ質量によってわずかに時空間がゆがめられ、時空間が曲がっているから物が引っ張られるように見えるのだ。だから、質量が大きければ大きいほど、まわりの時空間のゆがみは大きくなり、時間の進みが遅くなる。

インターステラーでは、第二の地球となり得る惑星として3つの星が候補に挙がる。主人公たちが最初に訪れる星は、ブラックホールのすぐ近くにあり、重力がものすごく強いため、そこでの1時間の活動は地球上での7年に相当するという設定だった。そして結局、そこで数時間過ごしたことで23年4か月分、時間を消費してしまう。

現実離れした突飛な物語のように感じるかもしれない。しかし、重力が変われば時間の進みが変わることは実験によって明らかになっている。一般相対性理論の効果は、精緻に時間を計ることで地球上でも確認できる。

地球の中心から近いほうが時間の進みが遅く、遠くなるほど速くなる。だから、ごくわずかではあるが、ビルの1階と高層階では異なる時間が流れている。1階のほうがわずかにゆるやかな時間が流れていて、年の取り方もほんの少しだけ遅くなる。

ということは、タワマンの最上階に住むよりも、1階に住んだほうが相対的に若くなるということだ。ただ、その差は、東京スカイツリーのてっぺんと地上で1日に100億分の1秒ほど時間の進み方が異なる程度なので、人生100年と考えても1秒どころか1ミリ秒も変わらないのだが……。

いずれにしてもアインシュタインが2つの相対性理論によって明らかにしたのは、誰にとっても同じ普遍的な時間はないということだ。「現在」という時間も人によって変わる。自分にとっての「現在」は確かにあり、それが徐々に未来へズレていくことは一緒だ。しかし、自分にとっての「現在」が、ほかの人にとっても「現在」とは限らず、ある人にとっては未来かもしれないし、過去かもしれない。時間は相対的なものなのだ。地球上ではその違いがわずかすぎて感じられないだけなのである。

まとめ

時間は相対的なものだった。速く動く人の時間はゆっくり進み、重力が強い場所でも時間の進みは遅くなる

アインシュタインと哲学者ベルクソンの世紀の対決

時間は誰にでも一様に流れる絶対的なものではなく、人によっても場所によっても異なる相対的なものである——。アインシュタインが相対性理論によって発見した、この特性は、一般的な感覚からすると受け入れがたいかもしれない。実際、「相対性理論はこういう理由で間違っている」と主張する本も20年ほど前まではよく出ていて、「こういう本を書きました！」と研究室に送られてくることもあった。

それだけ、アインシュタインが人々の常識を打ち破ったということだろう。いまだにその新たな常識についていけない人がいるのだから、アインシュタインが相対性理論を発表した当時は理解できない人が多数いたはずだ。

1927年にノーベル文学賞を受賞、時間の哲学で著名なフランスの哲学者アンリ・ベルクソンも、アインシュタインの考えに異を唱えた一人だ。

ベルクソンとアインシュタインは、一度だけ直に議論を交わし合っている。1922年4月、フランス哲学会がパリで行ったシンポジウムにアインシュタインを招いた際、二人は公の場で登壇し、時間についての短い議論を交わした。さらにベルクソンは、同じ年に「アインシュタインの理論について」という副題のついた本『持続と同時性』を出版している。

ベルクソンは、生涯を通じて、時間について思索を続けていた。そのなかで特に大事にしていたのは「持続」という概念だ。

私たちは誰しも自分の意識が持続していると感じている。その「持続」は、連続的で、分割することのできない流れそのものであり、そうして知覚する時間こそが実在する時間だと考えた。ベルクソンの時間論について、ここでは批評家の小林秀雄さんの言葉を引用させてもらう。数学者の岡潔さんとの対談本で、「ベルクソンとアインシュタインが衝突した」というエピソードに触れていて、そのなかでの一節だ。

「ベルクソンの考えていた時間は、ぼくたちが生きる時間なんです。自分が生きてわかる時間なんです。そういうものがほんとうの時間だとあの人は考えていたわけです。」

（『人間の建設』小林秀雄・岡潔〈新潮社〉より）

そのうえでベルクソンは、相対性理論が語る時間をどのように論じたのかというと、『持続と同時性』の結論部分にあたる「末記」にこのように書いている。

「特殊相対性理論の諸時間は、ただひとつの時間を除いては、すべてが人のいない時間であるというように定義される」

つまり、ベルクソンは、相対性理論のいう、人や場所によって相対的に存在する時間は、虚構的であり、生きた時間ではないと考えたわけだ。

ただ、ベルクソンの『持続と同時性』には相対性理論に対する理解の誤りもあり、当時の物理学者たちから、その誤りを指摘する論文が複数出た。そして、その反論としてベルクソンは本文は同じままで序文と巻末の3つの付録（補足の文章）を加えた第2版を発行し、さらにその反論としての論文が物理学者から出される……という形で「ベルクソンvsアインシュタインと物理学者たち」の相対性理論を巡る応酬は数年にわたって繰り広げられた。

最終的にどう決着したのかというと、『持続と同時性』は1931年の第6版までは内容もそのままに出版されたが、第7版は、ベルクソンが生きている間には出版されることはなかった。それは、ベルクソン自身が、再販を禁止して絶版にしたからだといわれている。

つまり、ベルクソンが身を引いたような形になった。ただ、そもそもベルクソンが主張する時間は心理的な時間であり、物理学で扱う時間とは異なるものだったのだが。『存在と時間』を著した、ドイツの実存主義哲学者マルティン・ハイデガーの批評などで、しばらく哲学の主流から外れていたが、20世紀のフランス現代哲学を代表するドゥルーズたちによって、ベルクソンの時間論は今、再評価されている。

GPSには相対性理論が使われている

また、現代になって、相対性理論の効果は時計で計れるようになっただけではなく、生活のなかにも取り入れられるようになった。

その代表がGPSだ。

スマホの地図アプリを開くと、すぐに地図上で現在地を教えてくれる。それは、GPS用の人工衛星から位置情報を受信しているからだ（正確には、ほかにもWi-Fiの電波や携帯電話の基地局からの情報なども使っている）。

GPSで現在地を特定する仕組みを簡単に説明すると、地球のまわりにはGPS衛星が複数台旋回していて、そのうちのひとつから電波を受信すると、電波を発信した時刻とスマホで受信した時刻の差から、そのGPS衛星からの距離がわかる。これは、「電波の速さ×かかった時間＝GPS衛星からの距離」という単純な計算だ。

1つのGPS衛星からの距離がわかっただけでは「この球面にいる」ということしかわからないが、3つのGPS衛星からの距離がわかると、それらが交差する1カ所に正確に位置が特定される。

というのがGPSの基本的な仕組みだが、ここで大切なのは、時刻情報が正確であることだ。電波の速さは秒速約30万キロメートルと超高速なので、ほんの少しでも時間がズレていると、距離は大きくズレる。正確な位置情報が特定できなくなってしまう。

GPS衛星には、原子時計という非常に正確な時計が搭載されている。一方で、私たちが持っているスマホの時計はあいまいだ。原子時計に比べると精度が劣る。そのあいまいさをカバーするために4つめのGPS衛星からも情報を受信し、誤差をなくしている。そのため、地球上のどこにいても4つ以上のGPS衛星から受信できるようになっている。

さらに、GPS衛星の時刻情報は正確だが、地球上の時間とはわずかにズレている。そこに相対性理論が関わってくる。まず、ＧＰＳ衛星は秒速約４キロメートルで動いているため、「速く動くものの時間は遅く進む」という特殊相対性理論の効果が働く。

また、ＧＰＳ衛星は地上から約２万キロメートル離れた上空を移動している。そのため地上よりも重力源から遠い。重力源に近い場所ほど時間の進みが遅くなるというのが一般相対性理論の教えてくれることだ。ＧＰＳ衛星のある上空のほうが重力源から遠いということは、地球上よりも時間の進みは速くなる。

この２つの影響を差し引きすると、重力による影響のほうが大きいため、ＧＰＳ衛星の時計は地上の時計よりもやや早い。１日あたり38マイクロ秒（１００万分の38秒）ほどと、ごくわずかな差だが、この差をきちっと補正することでＧＰＳは私たちに正確な現在地を教えてくれている。だから、ＧＰＳのお世話になっているということは、相対性理論の正しさを受け入れているということなのだ。

まとめ

相対性理論が発表された当時、哲学界の巨匠ベルクソンとの議論が勃発した。今では相対性理論の効果が生活のなかでも使われている

相対性理論は宇宙の観測でも明らか―「重力レンズ現象」

アインシュタインが発見した「大きな質量をもつ物体があると重力によって時空が曲げられる」ということは宇宙の観測でも確かめられている。

例えば「重力レンズ」と呼ばれる現象がある。

クエーサーと呼ばれる、とてつもない遠くで明るく輝いている天体を観測するときに、通常は、四方八方に出している光のうち地球に向かっている光しか見えない。ところが、同じ天体が複数見えることがある。

遠くの天体（クエーサー）の手前に大きな天体があると、重力によって天体のまわりの時空がゆがみ、クエーサーから届く光の進行もゆがめられるので、上に向かっている光が曲がって届いたり、下に向かっていた光が曲がって届いたりと、複数方向から光が届くからだ。２つに分裂して見えることもあれば、４つに分裂して見えることもあるなど、まるでゆがんだレンズを通して見ているようなので「重力レンズ」現象と呼ばれている。

重力レンズ

なおかつ、奥の天体（クエーサー）が明るくなったり暗くなったりという時間変化をすると、ある像は先に明るくなり、別の像は遅れて明るくなるというように、光の到達経路によって時間差（タイムディレイ）が生じる。それは数カ月単位で遅れたり早かったりするのだが、その時間差によって、光を曲げている天体の性質がわかったり、光を曲げている天体までの距離がわかったりする。そうすると、宇宙の膨張の速さもわかるなど、重力レンズ現象によるタイムディレイは、宇宙を測る方法のひとつとして使われている。

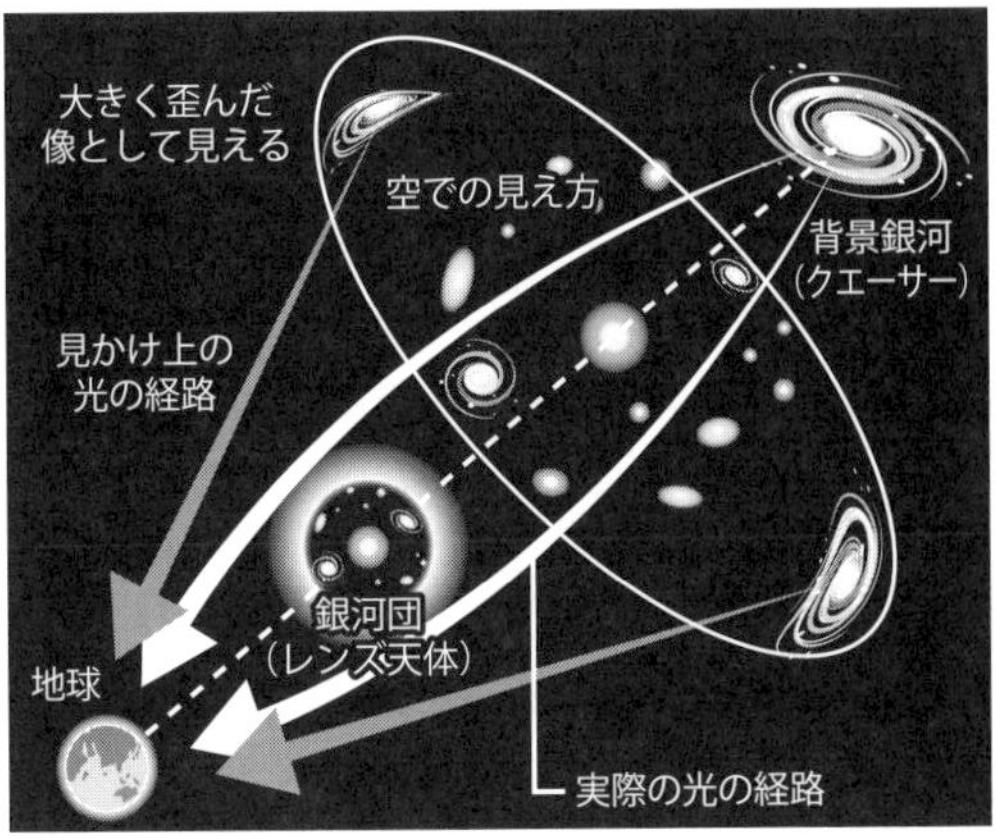

まとめ
一般相対性理論に基づく時空のゆがみで、遠くの明るい星の光がゆがんで届くことがある

量子論が解き明かす「飛躍する時間」

私たちの身の回りで起こっていることは、大抵、ニュートン力学で説明がつく。月に行くとか、火星を調べるといった宇宙開発においてでも、ほとんどニュートン力学が正確に成り立つ。

ただ、光の速さに近いようなスピードで動く物や大きな重力が働く場所になると、ニュートン力学では無視できないズレが生じてくる。そうしたマクロな世界の仕組みを予言するのが相対性理論だ。

一方、分子や原子、素粒子（それ以上分割できない粒子のこと）といった目に見えないミクロな世界では、ニュートン力学も相対性理論もそのままでは通用しなくなる。ミクロな世界では私たちの予想を超えた不思議なふるまいが見られ、それを解き明かすのが「量子論」だ。

そのミクロな世界での時間について語る前に、そもそも「量子とは何なのか」、簡単に説明しておきたい。量子論の「量子」とは、粒子と波の性質をあわせもったエネルギーの最小単位のことだ。具体的には、原子や、原子を構成する電子、中性子、陽子、さらに中性子や陽子を構成するクオークなどの素粒子が量子にあたる。

これらミクロな物質たちのふるまいは、私たちが日常体験することとはかけ離れている。だから、量子論は感覚的に理解するのが難しい。

真の原子の姿

よくある原子の絵

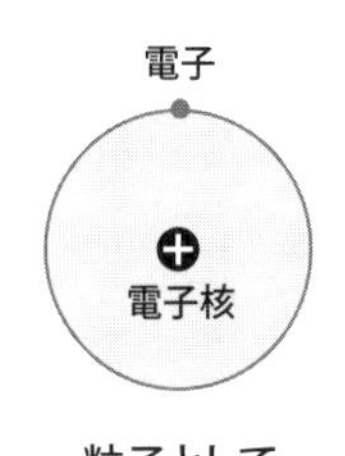

粒子として
位置は決まっている

よりよい原子の絵

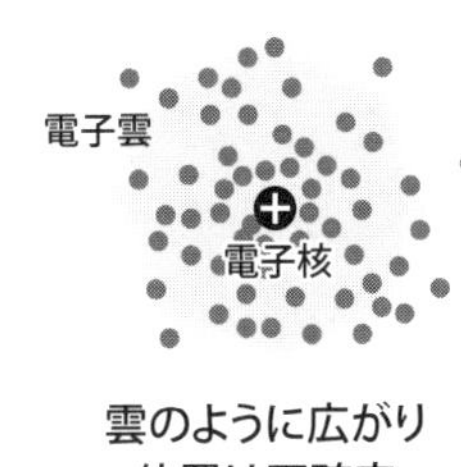

雲のように広がり
位置は不確定

例えば、原子といえば原子核のまわりを電子が飛び回っているイメージだと思う。水素原子であれば原子核のまわりを1粒の電子が飛び回っている。

しかし、電子は量子であり、粒としてふるまうだけではなく波としてもふるまう。人間が観測する前の電子は波のようにふるまい、原子核のまわりにぼやぼやっと存在している。そして、その位置を観測したとすれば、その瞬間に粒として見つかるのだ。

観測する前には、見ていないからどこにいるのかわからないわけではなく、起こり得る状態が重ね合わさっている。Aにいる状態とBにいる状態とCにいる状態が重ね合わさって、確率的に分布しているのだ。それが、見た瞬間にひとつに決まる。

私たちは、物は連続的に動くものだと思っているから、これはなかなか理解しがたい。しかし、量子の世界では、観察することで物の状態が急激に変わり、元に戻ることはない。これを「量子飛躍」という。量子飛躍が起こると、もう過去には戻れなくなる。

ニュートン力学でも相対性理論でも、時間に向きはなかった。過去の状態から未来の状態に変わるだけではなく、理論上は、未来の状態から過去の状態に変わることも可能だ。しかし量子の世界では、確率として存在していたものが、急にひとつの粒という現実になり、確率に戻ることはない。そこには時間の進み方に飛躍がある。

ところで、量子飛躍では、人間が「観測」した瞬間に正確に位置が決まる、と先ほど述べた。観測する前にはいろいろな場所にある状態が存在していたのに(不思議な表現だが)、観測した瞬間にひとつに決まり、それ以外の可能性は消え去ってしまう。

なぜだろうか。なぜ、そのひとつに決まるのだろうか。

この「なぜ」に答えはない。

そこで、別の解釈をする物理学者もいる。そのひとつが、当時プリンストン大学の大学院生だったヒュー・エヴェレット3世が提唱した「多世界解釈」だ。

観測する前にAの位置にいる状態とBの位置にいる状態、Cの位置にいる状態が重ね合わさっていたとしたら、観測した瞬間、Aにいる世界とBにいる世界、Cにいる世界に分岐する。つまり、観測した瞬間に他の可能性が消えてなくなるわけではなく、それぞれの可能性が実現している世界は相変わらず存在していて、そのうちのひとつしか人間が認識できなくなるという考え方だ。人間にとっては観測するたびに世界は分裂するわけだから、世界は無数に存在していることになる。

多世界解釈では、一度世界が分裂すれば、隣の世界や元の世界には戻れない。だから、もしも多世界解釈が正しかったとしたら、時間には向きがある。

まとめ

量子論が予言するミクロの世界では、時間が飛躍する。一度「時間の飛躍」が起こると、過去には戻れない

相対性理論と量子論を束ねる理論が予言する時間

これまで相対性理論と量子論が時間についてそれぞれどんなことを教えてくれるのかを紹介した。この2つは物理学の二大理論だ。ざっくりいえば、マクロな世界を記述するのが相対性理論で、ミクロな世界を記述するのが量子論である。では、この2つの理論を統合して、すべての世界をひとつの理論で説明することはできないのだろうか。

これは、物理学者がもう100年近くにわたって頭を悩ませている究極の課題だ。量子論ができてすぐの1920年代あたりからずっと世界中の物理学者が試行錯誤を続けているものの、今のところ、誰も解決できずにいる。

ただ、そのなかでも有力候補といわれているのが、「超ひも理論」というものだ。簡単に説明すると、超ひも理論は、物質の最小単位である素粒子は粒子（通常は大きさのない点だと考える）ではなく、非常に小さな「ひも」状のエネルギーではないかという仮説だ。

しかも、超ひも理論では、あらゆる物質は1種類の「ひも」から構成される、と考える。

素粒子には光子や電子、クォークなどの種類があるが、ひもは振動するので、その振動の仕方の違いで、それぞれの粒子の性質が表される。

では、この超ひも理論では時間をどのように考えるのかというと、まだ定説があるわけではない。人によって解釈は異なっているのが現状だ。

ただ、超ひも理論が矛盾なく成り立つためには、空間は9次元なければならないことがわかっている。私たちが知っているのは「3次元の空間と1次元の時間」という世界だが、超ひも理論が予言するのは「9次元の空間と1次元の時間」という10次元の世界だ。

さらに、理論物理学者のブライアン・グリーンの『宇宙を織りなすもの 時間と空間の正体』（草思社）にもあるように、これまでに5種類の超ひも理論が生まれており、それらを統一する「M理論」というものによると、空間は10次元になるという。つまり、時間も合わせて11の時空次元から宇宙が構成されることになる。

私たちが知っている3次元以外の空間（6次元もしくは7次元）はどこにあるのだろうか。もちろん、今のところ見つかってはいない。その理由を、超ひも理論を支持する物理学者たちは、「実験の手が届かないほど、小さく丸まっているためではないか」と推察している。だから、隠れてしまって見えないのではないか、と。

果たして、この超ひも理論がすべてを統一する理論となるのかはまだわからない。ただ、世界中で多くの物理学者が期待をもって研究を続けている。

では、相対性理論と量子論を統一するアイデアはほかにはないのかというと、超ひも理論ほど多くの支持を得ているわけではないが、対抗馬として挙がっているものはある。それは、「ループ量子重力理論」というものだ。

超ひも理論は、物質の最も基本的な構成要素を探ろうという「素粒子物理学」から発展した理論なのに対し、ループ量子重力理論は一般相対性理論から発展して、量子論をカバーしようと試みているものだ。

ループ量子重力理論では、空間はそれ以上分割できない最小単位（空間量子）をもち、その空間量子の相互作用によるネットワークで空間が生み出される。つまり、空間量子は空間のなかにあるのではなく、それ自体が空間そのものをつくるということだ。

では時間はどう考えられるのかというと、これも定説があるわけではなく、ループ量子重力理論を推している人のなかでも考えは分かれている。ここでは、イタリアの理論物理学者でループ量子重力理論の提唱者の一人であるカルロ・ロヴェッリの考えを紹介しよう。

彼は、ループ量子重力理論に至るまでの物理学の歩みを解説した『すごい物理学講義』（河出書房新社）でこんなふうに書いている。

「重力場の量子は、空間の『なかに』あるのではない。同様に、物理学の基礎理論には、もはや時間は存在しない。重力の量子は、時間の『なかで』展開するのではない。むしろ、量子の相互作用の結果として、時間が生じてくるのである。」

私たちは空間も時間も宇宙を形づくる〝背景〟のように捉えている。しかし、ロヴェッリのいうループ量子重力理論ではそうではなく、ある種の量子の相互作用によって空間や時間と呼ばれるものが生まれると考えるわけだ。

超ひも理論もループ量子重力理論もどちらも仮説の段階で、どちらが正しいのか（あるいはどちらも正しくないのか）はまだわからないが、どちらが真実だったとしても、時空は私たちの予想を超えた姿をしているようだ。

まとめ
相対性理論と量子論を統一する有力説「超ひも理論」では時空間は10次元。「ループ量子重力理論」では、時空そのものが量子化する

Column

すべての物は分解すると素粒子になる

素粒子という言葉がすでに何度も出ているので、あらためて簡単に説明しておこう。素粒子は、それ以上分解できない粒子のことだ。

私たちの身の回りにある物質は、みなさんもご存じのとおり、すべて原子の集まりでできている。その原子は、原子核と電子で構成されている。

このうち電子はそれ以上分解できない素粒子だ。一方、原子核は陽子と中性子でできていて、さらに陽子と中性子はどちらも「クォーク」と呼ばれる粒子が3つ集まってできている。このクォークはそれ以上分解できないので素粒子だ。

さらに、クォークがどうやって3つ束ねられているのかといえば、「グルーオン」と呼ばれる素粒子をやり取りすることで力が働き、結びついている。

また、光の粒である「光子」も素粒子のひとつだ。ほかにも素粒子はいくつかあるが、本文の中で少しずつ紹介していこう。

私たちの身の回りにあるすべての物は、無数の電子とクォークの集まりでできていて、そのほか、限られた種類の素粒子が相互作用をしながらこの世の中は動いている。

2章

時間の「はじまり」

——それは宇宙のはじまり

時間が始まるとき

「宇宙カレンダー」というものがある。

宇宙誕生から今までの138億年という長い歴史を「1年」に凝縮したらどうなるのかを紹介したものだ。発案者は不明だが、天文学者でSF作家でもあるカール・セーガンが著書『The Dragons of Eden（エデンの恐竜）』で紹介したことが普及したきっかけだ。

ちなみに、セーガンは、宇宙探査機ボイジャーに搭載した宇宙人へのメッセージ「ゴールデンレコード」（さまざまな言語でのあいさつ、自然の音、音楽など地球文明を紹介する音が収録されている）の企画者としても知られている。

宇宙カレンダーに話を戻すと、「1月1日0時0分」に宇宙が誕生し、今が「12月31日24時」だとすると、人類（猿人）が誕生するのは「12月31日19時33分」とごく最近の出来事だ。人類が農耕や牧畜を始めた時期に至っては、約1万年前といわれているので、「12月31日23時59分37秒」。文明の始まりはさらに後なので、宇宙の長い歴史に比べれば、私たちはまだ生まれたばかりだ。

　では、宇宙カレンダーの最初の1日はどんな「1日」だったのだろうか。「はじめに」でも書いたが、宇宙の誕生初期は本当に濃密だ。宇宙が誕生してからたった1秒（現実の1秒）の間に、今私たちが経験している「1秒」と本当に同じなのだろうかと思うほど、いろいろなことが起きている。

　そこでこの章では、時間の始まりについて見ていこう。

　もしも時間に始まりがあるとすれば、それは、宇宙が始まったときだ。宇宙が始まる前から時間は流れていたと考える物理学者もいるが、それはひとつの仮説であって確たる根拠はない。宇宙が始まったときに、空間が生まれると同時に時間も始まったと考えるのが妥当だろう。だから、ここでは、時間の始まりとともに宇宙が始まったという前提をもとに、時間の始まりに何が起こったのか、順に見ていこう。

まとめ
宇宙の始まりとともに時間と空間が始まったと考えるのが、いちばん自然

宇宙誕生から「1プランク時間」後──ミクロな宇宙が生まれた

宇宙は何もないところから誕生したと考えられている。これは「無からの宇宙創成」と呼ばれる。ただし、現状ではそう「考えられている」という話で、まだ証明されているわけではない。「なぜ」「どうやって」誕生したのかは大いなる謎のままだ。

では、典型的な理論ではどのように考えられているのかというと、何もない無の状態から突然時間と空間が生まれ、それが「インフレーション」を起こして急激に大きくなり、ミクロな宇宙がマクロな宇宙になった後、「ビッグバン」と呼ばれる熱い宇宙になる──というのが、最も典型的な考え方だ。

ちなみに、時空間ができたときをビッグバンだと思っている人が多いかもしれない。一般向けの書籍では単純化して「時空の始まり＝ビッグバン」と紹介されることもあるので紛らわしいのだが、正確にはそうではない。宇宙の研究者は、インフレーションがあったとして、それが終わった後の熱い宇宙のことをビッグバンと呼んでいる。だから、この本でもそう統一する。

宇宙の誕生から「1プランク時間」後、今見えている宇宙のすべては、大まかにいって「1プランク長さ」と呼ばれるごくごく小さな空間の中に入っていた。

「今見えている宇宙」という回りくどい書き方になるのは、私たちは宇宙のすべてを観測できているわけではないからだ。「ここまでは観測できる」という果てはわかるものの、その先はどうなっているのか、果ての向こう側にどこまで宇宙が続いているかはわからない。もしもどこまでも無限に宇宙が続いていたら、いくら縮めたところで有限にはならない。だから、私たちが観測できる「今見えている宇宙」は昔どうだったのか、という書き方になってしまう。

その「今見えている宇宙」が、誕生直後の1プランク時間後にはどうだったかという話だが、まず、1プランク時間とは「5・391×0・000000000000000000000000000000001」秒のことだ。つまり、およそ10のマイナス44乗秒という途方もなく短い時間だ。

時間はいくらでも小さく分割できるように感じるが、これ以上小さくならないという限界があり、その限界が1プランク時間だ。ゼロから1プランク時間までの間は、時間が流れるという概念も破綻し、何が起きているのかはわからなくなってしまう。だから、考えても意味がない。

物理学で語れるのは、宇宙が誕生してから1プランク時間後からだ。

このとき、宇宙は、1プランク長さ、つまり「1・616×0・00000000000000000000000000000000000001（10のマイナス35乗）」メートルという小ささだった。ただし、くどいようだが、これは「観測可能な宇宙の範囲」はその大きさだったという意味だ。

今見えている宇宙のすべては、誕生当初、1プランク長さという、最も小さな原子核である水素原子の原子核よりもずっと小さい、ミクロな空間にギュッと凝縮されていた。

まとめ

無から、ミクロな宇宙が突然生まれたと考えられている。

そのミクロな宇宙に、今見えている宇宙のすべてが詰まっていた

宇宙誕生から10のマイナス34乗秒後頃まで――宇宙が急膨張した

何もないところに突然生まれたミクロな宇宙は、デコボコしていたと考えられている。しかし、現在観測される宇宙は、大きなスケールで見ると、どこも同じような姿をしている。なぜデコボコしていたはずの宇宙が、今ではこんなにも一様なのか――。

この疑問を解決するのが、「インフレーション」だ。宇宙は誕生してすぐに、ものすごい勢いで急激に膨張した。だから、宇宙は一様になったと考えられている。

どのぐらい急激に膨張したのかといえば、細かい数字は理論によって変わるので明確ではないものの、おおよそ10のマイナス36乗から10のマイナス34乗秒という、一瞬と呼ばれるようなごくわずかな時間に宇宙は10の26乗倍もの大きさになった。ただし、始まりがとても小さかったため、急膨張を終えた後でも宇宙の大きさは数センチメートル程度だったと考えられている。

このインフレーションが終わったのが、宇宙誕生から10のマイナス34乗秒後ぐらいだ。

といっても、これも理論によって変わるので、だいたいこのぐらいだと捉えてほしい。

宇宙が生まれてすぐに急膨張したという「インフレーション理論」を1981年に最初に提唱したのは、宇宙物理学者の佐藤勝彦さんとアラン・グースだが、急膨張するというアイデアだけは残っているものの、彼らがもともと提案した具体的なインフレーション理論は実は否定されてしまっている。そして、彼らに続いたいろいろな物理学者が、「こういう形でインフレーションが起こるのではないか」とそれぞれのインフレーション理論を展開しているため、バージョン違いのインフレーション理論が数千種類もあり、かなり混沌としている。どの理論も一気に膨張することでは共通しているが、なぜその膨張は急膨張するのか、その急膨張はいつまで続くのか、なぜ止まるのか、どのように終わっていくのか……といった説明はそれぞれ異なり、今のところ、定説と呼ばれるものはない。

新しいアイデアが生まれては、宇宙の観測結果と合わないものは否定されていく。例えば、ロシア出身の理論物理学者のアンドレイ・リンデが提唱した「カオス的インフレーション」という有名な仮説がある。

宇宙が急激に膨張するインフレーションの過程で、宇宙の一部から新たな宇宙が生まれ、さらにその一部から別の新たな宇宙が生まれ……と、無数の宇宙が生まれているという説

カオス的インフレーション

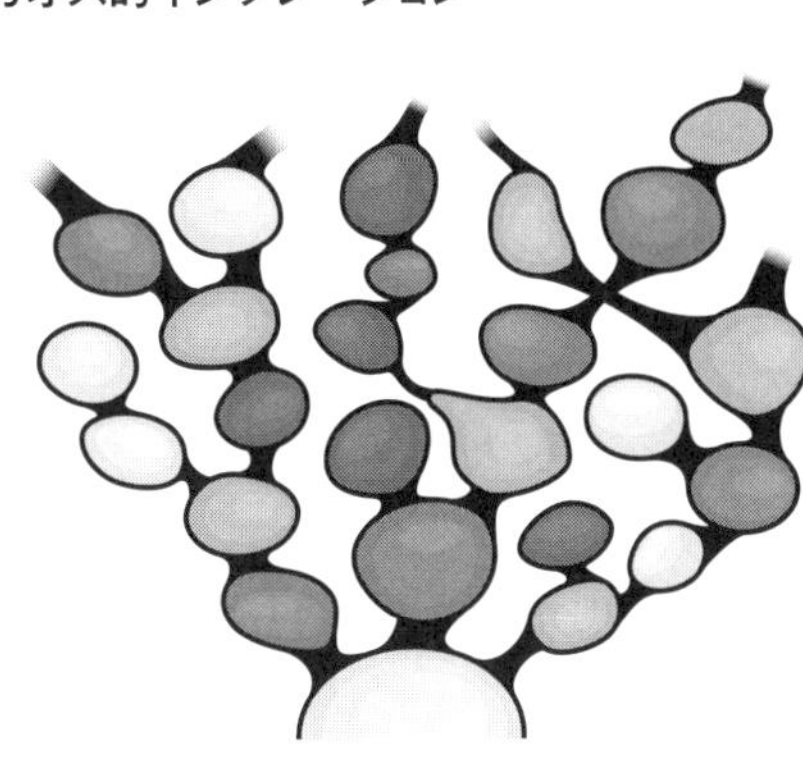

だ。私たちはそのなかのひとつの宇宙に存在するというわけだ。リンデの説では、無数の宇宙が図のようにレンコンのように連なっていて、生まれてすぐの宇宙は元の宇宙と空間的につながっているものの、しばらくするとつながりが切れて、まったく別の宇宙として急膨張し、行き来することはできなくなる。この場合、一つひとつの宇宙のなかで、それぞれ独自の時間が流れると考えられている。

これも数千種類あるインフレーション理論のなかの有名なもののひとつだが、観測結果とは合わないところが出てきて劣勢に立たされている。

というようにインフレーション理論の定説はまだないが、生まれてすぐに宇宙は急膨張したことは、今のところ多くの物理学者の支持を得ている。

まとめ
宇宙は生まれてすぐインフレーションを起こし、急膨張した

宇宙誕生から10のマイナス34乗秒後頃―ビッグバン

インフレーションを起こして宇宙が急激に大きくなった後、宇宙では「相転移」が起こった。相転移とはあるものの性質が突然ガラリと変わることだ。

身近な例でいえば、水が冷やされれば氷になり、温まると水蒸気になる。この場合には固体、液体、気体と、3つの異なる状態があり、それらを「相」と呼ぶ。この相が変化することを相転移という。

物質だけでなく、宇宙の性質そのものがガラリと変わり、相転移を起こすことがある。そうすると時空間の性質が変わり、物理法則も変わる。例えば、粒子の質量が極端に重くなるなど、私たちの常識が全部覆る。

そんな宇宙の相転移が起こり、インフレーションは終わりを迎える。相転移によって、急膨張を起こしていたエネルギーが熱に変わり、大爆発、いわゆるビッグバンが起こった。その結果、それまでのように急激に膨張することができなくなったため、宇宙の膨張はインフレーション時代に比べるとゆるやかな膨張へ変わっていった。

例えるなら、止まっていた車が0・1秒間で時速100キロメートルにまで加速し、その後は惰性で動き続ける、そんなイメージだ。膨らみ続けるものの、インフレーションのときのような急加速はしなくなったということだ。

そして、宇宙は熱い火の玉のようになった。この、インフレーションが終わった後の熱い宇宙のことを「ビッグバン」と呼ぶ。インフレーションの終わりがビッグバンの始まりなので、おおよそ10のマイナス34乗秒後ぐらいだ。

さらにこのとき、宇宙を急膨張させていたエネルギーからたくさんの「素粒子」が生まれた。それらの素粒子が宇宙空間を自由に飛び回っていたので、超高温・超高密度の宇宙だった。

まとめ
急膨張させていたエネルギーが熱に変わり、熱い火の玉の宇宙のなかで、素粒子が生まれた

宇宙誕生から2・3×10のマイナス11乗秒後─粒子の片割れが消えた

宇宙誕生からまだ1秒も経過していないが、この頃、また物理法則がガラリと変わる相転移が起きた。

このあたりからは、より確かな出来事として語ることができる。というのは、これより以前は宇宙全体が10の15乗ケルビンよりも高温で、そこまでの高温状態でも通用する確固とした物理法則が知られていないからだ。

では、10のマイナス11乗秒あたりの相転移で何が起きたのかというと、粒子に質量ができた。それまではあらゆる粒子は質量をもたなかった。だから、すべての素粒子は相互作用によって、生成されたり消えたりを繰り返しながら、光のスピードで飛び回っていた。

ところが、この頃、相転移によって宇宙空間は「ヒッグス場」というものに満たされるようになった。粒子に質量を与える素粒子が「ヒッグス粒子」で、ヒッグス粒子の働きで基本素粒子に質量を与える空間のことをヒッグス場と呼ぶ。

この相転移で粒子が質量をもつようになったからこそ、静止していられるようになり、のちにクオークが陽子や中性子の中に入るなどの変化が起きていった。

この頃、もうひとつ大きな出来事が起こっている。

クオークと対をなす「反クオーク」が消えていった。

素粒子には、私たちが知っている「粒子」と、質量などの基本的な性質はまったく同じで電気的な性質だけが違う「反粒子」が存在する。例えば、電子はマイナスの電気をもつ。その反粒子の「陽電子」はプラスの電荷を帯びている。同じように、クオークのうち、アップクオークはプラスの電気をもつが、その反粒子の反アップクオークはマイナスの電気をもつ。逆にマイナスの電気をもつダウンクオークの反粒子である反ダウンクオークはプラスの電気をもつ。

これらの粒子と反粒子は、必ずペアで生まれることが多い。例えば強いエネルギーの光を2つぶつけると、何もなかったはずのところにクオークと反クオークがペアで生まれる。そして、粒子と反粒子が衝突すると、ペアで消滅する。

インフレーションの後、超高温・超高密度の宇宙で素粒子がたくさん生まれたときにも、粒子と反粒子がペアで生まれたり、ペアで消えたりを繰り返していたと考えられている。

ところが、宇宙誕生から10のマイナス11乗秒あたりまでには、なぜか反粒子10億個に対して粒子は10億1個と、「10億対10億1」の割合でほんのわずかだけ粒子が多くなっていた。そのため〝10億個〟のほうはペアで消え、残りの〝1個〟の粒子だけが残った。まず重い素粒子であるクオーク・反クオークから消滅し合い、クオークのみが残り、宇宙誕生から数秒後ぐらいまでにはすべての反粒子がほぼなくなり、粒子のみが残っていった。

火の玉の宇宙のなかで粒子と反粒子はペアで生まれ、ペアで消えていったはずなのに、なぜわずかに差が生じたのか、いろいろな説は唱えられているが、その真の理由はまだわかっていない。ただ、数が違ったからこそ、粒子が残り、その後、さまざまな元素がつくられ、今ある宇宙ができていった。もしも数がまったく一緒だったなら、すべての粒子と反粒子が消滅し、何も残らなくなってしまう。

ちなみに、もしも反粒子のほうが多かったら、宇宙はどうなっていたのだろうか。

宇宙はまったく違うものになっていたのかと思うかもしれないが、先ほども説明したとおり、粒子と反粒子は電気的な性質が逆なだけで、ほとんど同じ物質だ。もしも反粒子の数が多かったなら、この世の中は反粒子だらけになって、私たちはそれを「粒子」と呼んでいただろう。だから、どちらが多くても特に変わりはなく、大事なのは数が違ったということだ。

ちなみに、反粒子はすべて消滅したわけではなく、今でもわずかに存在している。反粒子は対となる粒子に出会うと一緒に消滅してしまうが、宇宙空間をお互いに出会わないまま移動することはできる。だから、出会わないまま動いている反粒子が、現在の宇宙にもわずかにある。それは、検出器で実際に捉えられている。

地球上にも、実は反粒子は存在する。地球には「宇宙線」と呼ばれる、宇宙からの粒子が常に飛んできている。そのときに一瞬、反粒子もできるが、すぐに粒子に遭遇するため一瞬で消える。ただ、宇宙線は常に降り注いでいるので、上空では常に一瞬だけ反粒子が現れては消える状態が続いている。

まとめ

粒子に質量ができた。
反粒子が粒子と対になると消え、わずかに多かった粒子だけが残った

宇宙誕生から10万分の1秒後―陽子と中性子がつくられた

宇宙誕生から10のマイナス5乗秒後、つまり10万分の1秒後にまた重要な相転移が起こる。それまではバラバラに存在していたクオークが、3つずつ集まって陽子と中性子を構成するようになったのが、このときだ。ちなみに、陽子と中性子は、どちらも前述したアップクオークとダウンクオークと呼ばれる、対になる2種類のクオークでできている。違うのは、その組み合わせだ。2個のアップクオークと1個のダウンクオークが集まると陽子になり、1個のアップクオークと2個のダウンクオークが集まると中性子になる。アップクオークはプラス3分の2、ダウンクオークはマイナス3分の1の電気をもっているので、陽子は全体でプラスに、中性子はプラスマイナスゼロで中性になる。

宇宙が急激に膨張したインフレーションの間にはほぼ絶対温度0度になった宇宙の温度は、インフレーションを起こしたエネルギーが熱に変わると一気に高まり、ビッグバンが起きたときには、10の28乗度ぐらいにまで急上昇した。

ビッグバン以後の宇宙の一生のなかで最も熱かったのがこのときだ。その後、宇宙が膨張を続けるにつれて、密度が下がり、温度もどんどん下がっていった。宇宙誕生から10万分の1秒後には、宇宙の温度は1兆度ほどに下がっていたと考えられる。

熱くて狭いところにぎゅうぎゅう詰めになっていたときには、陽子と陽子、中性子と中性子が重なり合うので、単独の陽子や中性子として存在することはできない。バラバラのクオークとしてしかいられない。

徐々に密度と温度が下がっていったことによって粒子のふるまいが変わり、水が氷になるように、クオーク同士がくっつき始めた。そして、陽子や中性子を構成するようになっていった。

まとめ
密度と温度が下がったことで、クオークが3つずつ集まり、陽子・中性子をつくっていった

宇宙誕生から1秒後—陽電子が消えて電子が残る

宇宙の始まりを時系列にそって紹介してきたが、ようやく1秒が経った。

宇宙誕生からの1秒間をざっと振り返ると、始まりとともに時間と空間ができて、空間が急膨張して、そのエネルギーが熱に変わり、火の玉のように熱い宇宙になり、たくさんの素粒子が生まれては消え、残った素粒子がグループをつくり始めて原子核のもととなる陽子と中性子がつくられるようになった——。

ここまでの出来事が、宇宙の始まりの1秒ですべて起こったのだ。

私たちが今経験している1秒と本当に同じなのだろうか、と不思議に思う気持ちがわかっていただけただろうか。

さて、宇宙誕生から1秒が経過した頃には、宇宙の温度は100億度ぐらいに下がっていた。「下がっていた」といっても、私たちの感覚からすれば十二分に高いが、100億は10の10乗だ。ピーク時には10の28乗度ぐらいにまで上がっていたわけだから、その頃と比べると、短い時間でどんどん下がっていったことがわかる。

また、10のマイナス11乗秒後あたりになると、クォークの反粒子の反クォークがなくなっていったと書いたが、数秒後ぐらいになると電子と陽電子（電子の反粒子）もつくられることはなくなり、消滅する一方になり、ほとんどの陽電子が消えてなくなっていった。

電子は陽子と同じ数だけ取り残され、宇宙で電荷をもつ粒子は、電子と陽子だけになった。このときの宇宙では、電子、陽子、中性子、光子があらゆる方向に飛び回っているような状態だった。

まとめ
１００億度まで下がり、電子、陽子、中性子、光子が飛び回る状態に

宇宙誕生から100秒後—原子核がつくられ始める

始まりから100秒が経ったときには、宇宙（今観測できる宇宙）の大きさは80光年ほどに広がっていた。限りなくゼロに近い大きさから、ほんの100秒で80光年にまで空間が広がったわけだ。

光が1年かけて到達する距離が1光年だから、80光年はその80倍だ。

ここで不思議に思う人もいるかもしれない。

「光よりも速く進むものがあるのか」「光速を超えるものは存在しないのでは？」と。

確かに、光よりも速く物を動かすことはできない。これは、相対性理論で禁じられている。しかし、器である空間は、光のスピードには制御されない。このことは相対性理論に矛盾していない。

だから、空間そのものが光より速く膨張することは可能だ。そして、空間が膨張するときは、その空間にある物は一緒にくっついていく。空間の中で物は動いていないのだ。そのため、光速より速く空間が膨張しても、広がる宇宙の先端には何もないということにはならず、空間にある物も膨張する空間に乗って光より速く動いていくので、宇宙はどこにも等しく物が存在する。

宇宙の誕生から100秒経つ頃、宇宙では大きな変化が起こる。いくつかの元素の原子核の合成が本格的に始まった。

それまでは、クオークが3つずつ集まって陽子と中性子をつくり、宇宙空間に陽子と中性子がわらわらと漂っている状態だった。陽子1つはそのままで水素の原子核だが、まず陽子1つに中性子1つがくっついて「重水素」の原子核ができ、次に陽子2つと中性子2つで「ヘリウム」の原子核、陽子1つと中性子2つで「三重水素」の原子核、陽子2つと中性子1つで「ヘリウム3」の原子核となり、それらが次々につくられていった。

このように宇宙の初期に軽い元素の原子核がつくられたことを「ビッグバン元素合成」と呼び、宇宙誕生から3分前後のときにビッグバン元素合成は大きく進んだ。

ただ、このときにできる原子核は、重水素、ヘリウムのほか、リチウム、ベリリウムまでだ。宇宙にあったほとんどの中性子はヘリウムの原子核に取り込まれ、リチウムやベリリウムなどの合成はわずかだった。

ビッグバン元素合成が活発に行われていた頃、宇宙の温度は10億度ほどだった。宇宙が膨張するにつれて、さらに温度も密度も下がっていき、あるところで原子核の合成はそれ以上進まなくなる。そこまでに要する時間は5分ほどだ。

それ以後はいったん、宇宙に存在する元素の種類と量は固定される。宇宙はしばらくの間、水素とヘリウム、そしてほんのわずかなリチウム、ベリリウムなどの原子核のみの時代が続いた。これらより重たい元素がつくられるのは、ずっと先、星が生まれてからだ。

まとめ
宇宙誕生3分後、温度は10億度まで下がり、陽子と中性子がくっついて水素やヘリウムなど軽い元素の原子核が生まれた

Column

ビッグバンという名前はライバルの皮肉だった

宇宙が膨張し続けているということは、時間をどんどん遡れば、その昔には宇宙は極小で、密度も温度も極めて高い状態だったと考えられる。そうすると、今のように原子や分子といった形で存在することはできず、陽子や中性子ぐらいしかない状態が昔はあったはずだ。そんな火の玉のような宇宙がだんだん膨張して冷えていき、今のような姿になっていった――。

このようなビッグバン理論を最初に考えたのが、ジョージ・ガモフというアメリカの物理学者だ。ただ、「ビッグバン」という名づけ親は彼自身ではない。

ガモフがビッグバン理論の概念を提唱したとき、「宇宙がそんな小さいものから大きくなったなんておかしい！」と反対する人がいた。そのうちの一人、イギリスの天文学者でSF作家でもあったフレッド・ホイルがラジオ番組で、「ガモフの理論はおかしい。そんな理論は『ビッグバン（bangはバンという擬音語）』と呼んでやれ」と揶揄するように言ったところ、そのことを人づてに聞いたガモフがその名を気に入ってそのまま使い始め、正式名称として定着した。

宇宙誕生から37万年後ー原子が生まれる

先ほどまで宇宙誕生から100秒、3分といった話をしていたにもかかわらず「突然、37万年⁉」と驚かれるかもしれない。ただ、ビッグバン元素合成の時期が終わると、しばらくの間、宇宙では大きな出来事は起こらず、ただ静かに膨張を続けていくだけだった。その膨張のスピードも、初期に比べるとどんどん遅くなっていく。

今でこそ宇宙の膨張は加速しているが、速くなりだしたのは今から40億年前ぐらいからで、それまではどんどん遅くなっていた。宇宙誕生から100億年ぐらい経った頃に、減速から加速に転じたのだ。

さて、宇宙誕生から37万年後の話に戻ろう。このとき、宇宙はとても重要な節目を迎える。それまでは、原子核と電子は別々に行動し、電子は宇宙空間を自由に飛び回っていた。いわゆるプラズマ状態（原子がプラスの電気をもつイオンとマイナスの電気をもつ電子に分かれて運動すること。物質の第4の形態）にあった。

宇宙全体の温度が高いうちは、原子核と電子が一緒になって原子をつくろうとしても、大きなエネルギーをもつ光子によって引き剝がされてしまう。だが、宇宙の温度は膨張するとともにだんだん下がっていく。温度が下がれば原子として存在できるようになる。

宇宙誕生から37万年が経つと、宇宙の温度は2700度にまで下がる。そうすると、それまでは自由に飛び回っていた電子がどんどん原子核に取り込まれていき、電気的に中性な原子を構成するようになった。宇宙に原子が誕生したのだ。そうして宇宙全体が中性化していった。

さらに、それまでの宇宙は光に満ちあふれていた。光は、電子をはじめとした電荷をもつ粒子に進路を遮られる性質がある。そのため、自由に飛び回っている電子があると、まっすぐに進むことはできない。あっちにぶつかり、こっちにぶつかり……と、ジグザグにしか進めない。

しかし、ほとんどの電子が原子核と一緒になり中性の原子ばかりになると、光の進路を遮るものがなくなる。光がまっすぐ進めるようになるのだ。

それはまるで、空を覆っていた雲がなくなり、太陽の光がスッと差し込んでくるようなものだっただろう。そのため、光がまっすぐ進めるようになったこのタイミングを「宇宙の晴れ上がり」と呼ぶ。

ところで、光はエネルギーが高いと波長が短くなる。つまりは、ガンマ線、X線、紫外線など波長の短い目に見えない光になる。波長がやや長くなると可視光線になり、もっと長くなると、赤外線やマイクロ波、電波となってまた見えなくなる。

宇宙の初期、温度がものすごく高かったときには光のもつエネルギーも高く、ガンマ線やX線などの、今の私たちにとっては危険な光だった。宇宙が膨張するにつれて温度が下がると、光のエネルギーも下がり、波長が伸びていって、ちょうど37万年後あたりに可視光線と同じぐらいになった。ちょうど白色電球のような色だ。それ以降になると、温度が下がりすぎて光のエネルギーも下がり、波長がさらに長くなっていくので、だんだん光が赤くなっていき、そのうち赤外線などになって見えなくなっていく。

もしも宇宙が変わっていくさまを人間が観察し続けていたら、宇宙誕生後の37万年前後だけ、宇宙は光り輝いていただろう。

そして、宇宙の晴れ上がりの頃に出た光がそのまままっすぐ進んで私たちのところに届き、今、この地球上に降り注いでいる。これを「宇宙マイクロ波背景放射」と呼ぶ。それ以前の光は、あちこちぶつかりながら進んでいて出どころがよくわからないので、まっすぐに届けられる宇宙マイクロ波背景放射は「宇宙最古の光」とも呼ばれる。

宇宙マイクロ波背景放射は、初めて発見されたのが１９６５年で、今でも宇宙のあらゆる方向から一様に降り注いでいる。出発当時には可視光線だったものの、宇宙が膨張していった結果、現在の宇宙の温度はマイナス２７０度にまで冷えたので、私たちのもとにはマイクロ波となって届く。１３８億年もかけてまっすぐ進んでやってくるのだから、感慨深いものがある。

まとめ
37万年後、原子核と電子が一緒になり原子になる。
すると、光が宇宙空間をまっすぐ進めるようになった

宇宙誕生から2億〜4億年後——最初の星が生まれる

宇宙の晴れ上がりからしばらくの間、宇宙では「暗黒時代」が続いた。つまり、宇宙に光がなかったのだ。

宇宙の晴れ上がりの頃の光、つまり宇宙マイクロ波背景放射はある。しかし、宇宙年齢が37万歳の頃には目に見える光だったが、それからしばらくすると赤外線になり、やがて電波になって見えなくなる。だから、厳密にいえば光（電波）はあるが、人間の目に見える光は何もなくなり、真っ暗な時代が2億〜4億年ほど続いた。

そのような宇宙に明かりを灯したのが、星だ。

つまり、宇宙で最初の恒星（自らのエネルギーで光り輝く星）ができたのが、宇宙誕生から2億〜4億年後のことだ。このときには複数の恒星があちこちで誕生した。その第一世代の恒星を「ファースト・スター」と呼ぶ。

では、最初の恒星はどのようにしてできたのだろうか。

この頃の宇宙には水素ガスとヘリウムガス、そしてダークマター（暗黒物質）という正体不明の物質が存在していた（ダークマターについては3章で詳しく説明する）。

宇宙の晴れ上がりのときには、宇宙空間はどこも同じような姿をしていて、物質の密度はどこでもほぼ同じぐらいだったが、ほんのわずかに、数字にして0.1%ほどの密度の濃淡ができていた。密度の濃淡は、最初は小さくても、時間が経つにつれてだんだん大きくなっていく。ほんのわずかでも密度が濃いところがあれば、密度が薄いところよりも重力が働き、物質をより引き寄せるからだ。

そうして宇宙誕生から2億〜4億年経つ頃には、ダークマターが濃く集まっているところと、薄いところができ、濃く集まっているところでは水素とヘリウムガスも引き寄せられるように集まってきた。そうすると、温度も密度もどんどん上がり、やがて原子核同士がぶつかって、より重い原子核に変わる「核融合反応」が中心部で起こり、光り輝くようになった。こうしてファースト・スターが生まれていった。

ただし、真のファースト・スター、つまり最初に生まれた星はまだ見つかっていない。理論的には宇宙誕生から1億年ほどでできてもおかしくはない。今、世界中の研究者が最古の星（または、それが含まれる銀河）を見つけようと競い合っているところだ。観測によってより昔の星を見つけては、「世界でいちばん昔の星を見つけました」と論文を発表して、時々刻々とワールドレコードが更新されている。

最古の星を巡る競争

2021年にジェイムズ・ウェッブ宇宙望遠鏡が宇宙空間に打ち上げられ、鮮やかな宇宙の姿を捉えて話題を呼んでいるが、真のファースト・スターを見つけるには地上望遠鏡を使わなければわからない。

ジェイムズ・ウェッブ宇宙望遠鏡のように宇宙から観測したほうが、大気の影響も受けず、シャープな映像が撮れてよさそうに思うかもしれない。しかし、宇宙に打ち上げられる重さには限りがある。宇宙望遠鏡よりも地上望遠鏡のほうが巨大で、宇宙に持ち上げることはできない。また、ただ撮影するだけではなく、分析をするには測定装置も必要で、

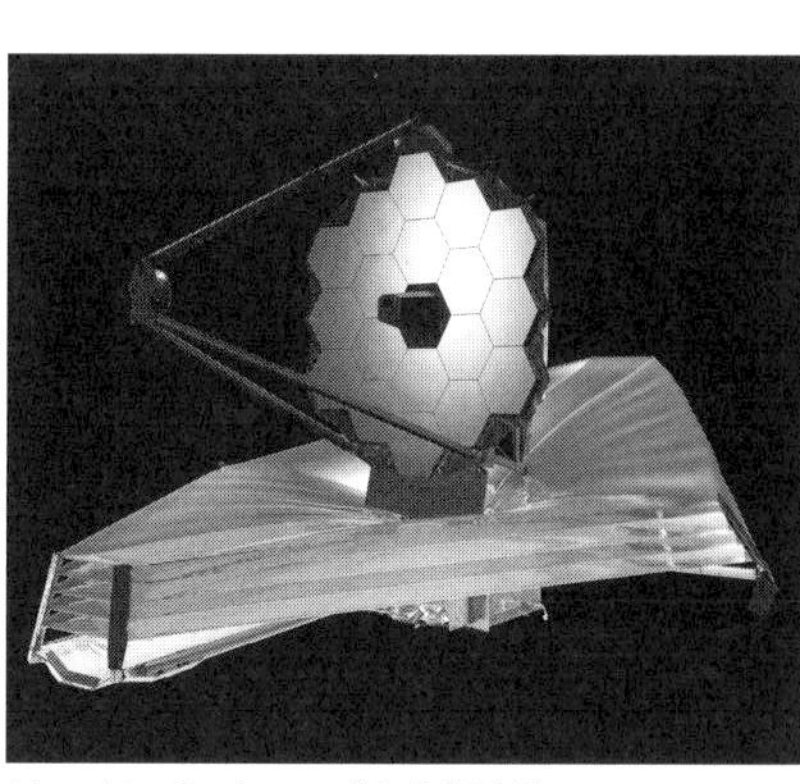
ジェイムズ・ウェッブ宇宙望遠鏡

それには日常的なメンテナンスも必要だ。例えば宇宙の膨張の速さを測定する機械はジェイムズ・ウェッブ宇宙望遠鏡には載っていない。

というわけで、最古の星を巡っては、宇宙望遠鏡で「これは」という候補天体を見つけて、その天体に地上望遠鏡を向けて詳しく調べ、何重にもチェックしたうえで「確かに○億年前だ」と確かめるという競争が行われている。そのため、「もしかしたら最古の星ではないか」と候補天体に挙がりながらも、正確に調べてみないとまだわからないという、宙ぶらりん状態の星がいくつか待機している状況だ。

まとめ
光のない暗黒時代を経て、2億～4億年後に最初の星が生まれた。どれだけ昔の星が見つかるか、世界中で研究者が競い合っている

宇宙誕生から92億年後――太陽系が生まれる

宇宙で最初の星ができた頃、宇宙にはほぼ水素とヘリウムしかなかったので、第一世代の星は水素とヘリウムを材料にしてつくられている。こうした星は「種族Ⅲ」と呼ばれる。今、私たちの近くにあふれている星のなかには、種族Ⅲの星は見当たらない。水素とヘリウムだけでなく、もっといろいろな元素が集まってできた星ばかりだ。

では、そうしたさまざまな元素はどこでつくられたのかというと、星の中だ。

第一世代の星の内部で、水素やヘリウムを材料にして核融合反応が起き、炭素や酸素、窒素などの元素が多量につくられ、鉄までができた。そして、種族Ⅲの星は、大きさにもよるが、ある程度以上大きいものはやがて爆発する。その爆発のときに、金などのレアな元素をつくり出すとともに、内部でつくった元素を宇宙空間にばらまく。

そのばらまかれたものが集まって次の星ができ、その星も同じように内部でいろいろな元素をつくって、やがて爆発し、つくったものをばらまいていく。そうやって水素、ヘリウム以外の元素がどんどんばらまかれて、宇宙空間は汚染されていった。

太陽は、そうして汚染された宇宙空間に漂う物質が集まってできた。今から約46億年前、宇宙誕生から92億年後のことだ。

そして、太陽ができたときに集まっていた物質のうち、太陽にならなかった残り物が太陽のまわりを回転しながら、近くにあるもの同士で引き合い、かたまりをつくり、微惑星と呼ばれる小さな天体をつくっていった。それらが衝突や合体を繰り返すうちにだんだん大きくなり、特に大きなかたまりとなってできたのが太陽系の8つの惑星だ。もちろん、地球もそのうちのひとつだ。

ちなみに、太陽系の全質量の99・86%を太陽が占める。太陽のまわりを回る惑星は、その残りの0・14%の物質が太陽のまわりに円盤状に広がってできた。まさに太陽の残り物でできたのだ。

まとめ

星の内部でできた多様な元素が、星が爆発するときにばらまかれ、それらが集まって太陽も地球も生まれた

なぜ宇宙の年齢は「138億歳」だとわかるのか

138億年前に宇宙は誕生した。そう繰り返し伝えてきたが、「138億年前なんてそんな大昔のことをなぜわかるのか」、不思議に思う人もいるかもしれない。しかし、宇宙の年齢を把握する方法は意外と簡単だ。宇宙の膨張の速さ、つまり「遠くの宇宙がどのぐらいのスピードで遠ざかっているのか」さえわかれば、大雑把な年齢は割り出せる。

まず、膨張の速さがわかれば、それを逆算することで、何年前にどのあたりの場所にあったのかがわかる。それを複数箇所で調べると、ある時間にある一点に集まることがわかる。そうやって計算すると、138億年前にほぼ一点に集まることがわかるので、宇宙の年齢は138億歳だとわかる。

宇宙規模で考えると難しく感じるかもしれないが、例えば、校庭の真ん中に集まっていた生徒たちが外側に向かってバラバラの方向に走っていったとしよう。このときに一人ひとりは同じスピードで外側に走っていったとする。「速度×時間」で距離が求められるから、今AさんとBさんがどんなスピードで中心から遠ざかっているのかを観測すると、何分前にAさんとBさんがそれぞれは校庭のどこにいたのかがわかる。そうやって計算すると、「AさんとBさんが同じ場所にいたのはいつか」がわかる。それが、スタートの時刻だ。

もう少し複雑ではあるが、宇宙の年齢も同じような計算法で大雑把にはわかる。校庭の例で全員を観測する必要はないように、宇宙の年齢を知るにもあらゆる箇所を測定する必要はない。ただ、宇宙の場合はいろいろな誤差が出てくるので、測定箇所を増やして「どこを測っても138億年前にほぼ一点に集まっている」ということを確かめている。現在ではきわめて正確に測定されているので、誤差がどんどん狭まっていて、宇宙の年齢は「(1・3799±0・0021)×1010」歳であることがわかっている。

まとめ
宇宙の膨張のスピードから逆算すれば、何年前に宇宙が誕生したのかがわかる

この宇宙が始まる前から時間が存在していたとしたら

ここまで、宇宙の始まりとともに時間も始まったという前提で、時間の流れについて見てきた。しかし、本当にそうだろうか——。この宇宙が始まる前の出来事は、もしあったとしても確かめようがないものの、いくつかの仮説はある。

そのひとつが「エクピロティック宇宙論」だ。ちなみに「エキピロティック」と書かれることが多いが、それは「X」を「エッキス」と発音するのと同じだから、「エクピロティック」のほうが現代的だと思う。

エクピロティック宇宙論は、1章の終わりで紹介した「超ひも理論」や超ひも理論の統一版の「M理論」から派生して、2001年に提案された比較的新しい考え方だ。

超ひも理論では、空間は9次元または10次元あると考えられている。しかし、私たちが認識できるのは3次元のみだ。そこで、私たちが住んでいる3次元空間は実は膜状になっていて、高次元空間に3次元の膜のようなものが浮かんでいるのではないか、という考え方がある。こうした宇宙の見方を「膜宇宙論」、または、膜は英語で「membrane（メンブレーン）」ということから「ブレーン宇宙論」と呼ぶ。

そして、このブレーン宇宙論をベースにすると、宇宙の始まりは、この章で紹介してきた「無から突然時間と空間が生まれて、それがインフレーションを起こして……」という一般的に知られているストーリーとはずいぶん変わってくる。

まず、2枚の3次元の膜（ブレーン）が高次元空間に浮かんでいる、と想像してほしい。このうちの1枚が私たちの宇宙だ。

2枚の3次元膜の間には引力が働く。このとき、引力が働くのは、3次元膜と直交する方向であり、私たちが感知することのできない4次元目の方向だ。そうやって引力によって互いに4次元目の方向に引き合うと、2枚の3次元膜がいつしか衝突し、跳ね返る。この衝突の衝撃で、3次元の膜の中は高温高密度状態になり、膜が膨張を始めていく。それがビッグバンの正体である――というのが、エクピロティック宇宙論の考え方だ。

つまり、エクピロティック宇宙論では、2つの膜状の宇宙の衝突によってビッグバンが起こり、そこから私たちが知っている宇宙の歴史をたどっていくことになる。だから、ビッグバンが起こるずっと前から宇宙は存在していることになる。もともと存在していた宇宙には始まりはあるのかという新たな問題は出てくるが、少なくとも、ビッグバンが起こるずっと前から時間も流れていたということだ。

なおかつ、3次元の膜同士の衝突は一回だけとは限らない。衝突して跳ね返り、一度は遠ざかっても、引力は働き続けるため、また近づいて衝突するかもしれない。そうすると、新たなビッグバン宇宙が始まる。

もしも私たちが暮らす宇宙が3次元の膜状になっていて、エクピロティック宇宙論が正しいならば、宇宙は別の宇宙と衝突し、生まれ変わりながら、時間は未来永劫続いていくことになる。

まとめ

ビッグバンは宇宙の始まりに起きた出来事ではなく、ビッグバンよりもずっと前から宇宙は存在し、時間は流れていた……かもしれない

〈宇宙カレンダー〉①
宇宙誕生から現在までの138億年を1年にまとめると

1月1日	午前0時　宇宙の誕生
	午前0時15分　宇宙の晴れ上がり。その後、宇宙の暗黒時代に
1月3日	最初の星が生まれる（暗黒時代の終わり）
1月10日頃	最初の銀河ができる
	1月終わり頃までに小さな銀河団もできる
2月中旬	銀河団が集まった超銀河団もでき始める
3月18日頃	天の川銀河系で星の生まれる速さが最大に
	巨大な銀河団ができ始める
4月	銀河の合体が頻繁に起こる

夏の間に銀河の中にある星が生まれたり死んだりを繰り返し、超新星爆発が何度も起こり、宇宙空間に重元素がばらまかれる

〈宇宙カレンダー〉②

9月3日　　天の川銀河系の中に太陽系が誕生する
9月4日　　原始の地球に天体「テイア」が衝突し、月ができる
9月13日　　宇宙の膨張速度が加速し始める
9月中旬　　地球上で単純な生命が活動を始める

12月10日～16日　　地球に大氷河期がきて海が凍りつき、
全球凍結する
その後、徐々に温暖化
12月17日　深夜　カンブリア大爆発
地球上に多様な生物が出現する
12月30日　午前6時半　巨大隕石がユカタン半島に衝突
地球環境は激変した
恐竜を含めた大量の生物が絶滅
哺乳類が爆発的な進化を始めた
12月31日　21時　　猿人が誕生
22時45分　原人が石器を使い始める
23時52分　ホモ・サピエンスが誕生
24時　現在

3章

時間の「おわり」

――宇宙に終わりは訪れるのか――

宇宙の終わり方

宇宙の誕生と同時に時間が始まったと考えるなら、時間の終わりは宇宙が終わるときと考えられる。ただ、どのような状態になったら「時間がなくなった」といえるのかは難しい問題だ。物理学者の間でも、人によって考え方は異なる。この章では、ひとまず宇宙が終わりを迎えるときに時間もなくなると考えて、どのように宇宙の終わりは訪れるのかを見ていこう。

宇宙の終わり方には、実はいくつかのシナリオがある。

なかでも一番の主流は、「ビッグフリーズ」と呼ばれるものだ。

まだ詳しいことは理論的にも不確定だが、もし陽子が不安定だとすると、今から10の34乗年以上経ったのちに、陽子が崩壊することで原子が分解され、すべての物質が消滅していく可能性がある。宇宙空間に最終的に残る構造物はブラックホールだが、10の100乗年もすると、そのブラックホールすら、すべて蒸発してなくなっていく。

ブラックホールは、あらゆるものを飲み込むだけでなく、ほんのわずかにエネルギーを放出している。このことを最初に提唱したのがホーキングであり、「ホーキング放射」と呼ばれている。

このホーキング放射はほとんど無視できるほどわずかではあるものの、絶えずちょろちょろとエネルギーを出し続けているので、それが積もり積もってブラックホールの質量はだんだんと減り、小さくなっていく。そして、小さくなればなるほど、出ていくエネルギーが増えていき、最後はギュギュギュッと縮み、一気に爆発し、消滅してしまう。そうしてすべてのブラックホールがなくなると、宇宙は安定な軽い素粒子が飛び交うだけの空間になる。

その間も宇宙はどんどん膨張していくため、宇宙空間を漂う素粒子と素粒子の間の距離は限りなく遠くなり、絶対温度0度に近づいていき、宇宙はほとんど空っぽの何もない冷え切った状態が永久に続くことになる。

そうなると、時間という概念は意味をなさなくなる。

それでも物理の数式上は、時間は永遠に流れていることになっているため、時間は存在し続けると主張する専門家もいるが、物質が何もないなかでX軸とY軸という軸だけが無限に延びているようなものだ。それが物理的に何の意味をもつのかは明らかでない。

宇宙がこの先、膨張を続け、すべてのものがなくなり、空っぽになれば、時間という概念もなくなる、と考えるほうが自然だろうと私は思う。これが、宇宙と時間の終わりのひとつめのシナリオだ。

突然、時空間が切り裂かれて終わる

ビッグフリーズ宇宙は、宇宙が突然終わるわけではなく、徐々に徐々に冷え切って空っぽになっていき、その状態が永久に続いていくことになるというシナリオだが、一方で、突然サッと終わりを迎えるという説もある。

宇宙の膨張のスピードが速くなりすぎて、突然、時空が切り裂かれて終わるというシナリオだ。あまりにも膨張のスピードが速くなると、有限の時間内に距離が無限大になるというモデルができ、無限になると時空自体の意味が失われるため、そこでバサッと切り裂かれるように終わってしまう。

このシナリオは、「ビッグリップ」と呼ばれる。「リップ（rip）」は切り裂くという意味で、日本語では「切り裂かれ宇宙」という。

時空が切り裂かれるとどんな状態になるのか、想像することは難しいが、時空間が意味を失ってしまうことは確かだろう。

ビッグフリーズとビッグリップを比べると、宇宙が永久に広がり続けて終わりを迎えるビッグフリーズのほうがこれまでの観測結果とは合っているが、観測にも誤差があるため、切り裂かれて終わるビッグリップも誤差の範囲内だ。今のところ矛盾はないため、可能性は否定されていない。

そして、宇宙の終わり方のシナリオはこの2つだけではない。続きは次の項目で説明しよう。

まとめ

宇宙が永久に広がり続けて空っぽになる「ビッグフリーズ」

膨張が速くなりすぎて切り裂かれる「ビッグリップ」

どちらのシナリオでも、時間は意味を失う

明日、宇宙が終わるかもしれない

宇宙が突然性質を変えて終わりを迎えるというシナリオもある。

水が冷えると氷になり、温まると水蒸気になるように、ある物質が置かれた環境の変化によって突然ガラリと状態を変えることを「相転移」と呼ぶ。その相転移が宇宙で起こり、私たちを取り巻くこの世界が不安定になって終わりを迎える可能性もある。

このシナリオで相転移を起こすのが「ヒッグス粒子」だ。

ヒッグス粒子は、基本素粒子の質量をつくり出す素粒子である。

このヒッグス粒子が満ちあふれていることで、私たちは今こうやって生きていられるのだが、素粒子物理学の研究でヒッグス粒子の性質についていろいろと調べていると、ヒッグス粒子があるとき突然相転移を起こして、まったく違う性質をもつものになる可能性があることがわかってきた。理論的にも不定性が大きく、もしそれが起きるとしてもごくわずかな可能性しかないが、決して荒唐無稽な話ではない。

ヒッグス粒子の性質がガラリと変われば、今私たちのまわりに広がっているこの世界は、今のように安定して存在できなくなる。すべての粒子の質量がまったく違う性質をもつものになり、真空の性質が変化して、現在の宇宙で成り立っている物理法則が成り立たなくなる。そして宇宙は小さく潰れて、なくなってしまうかもしれない。

つまり、世界は突然滅んでしまう。


このシナリオは、ビッグフリーズとビッグリップという先ほどの2つのシナリオのように、現在の宇宙の膨張の運命に関わるものではない。素粒子というミクロな世界を解き明かす「量子論」に基づくシナリオなので、確率の話だ。だから、いつ起こるかはわからない。

確率はごくわずかとはいえ、宇宙が誕生して138億年が経っている。ものすごく小さな確率なので、突然ヒッグス粒子の相転移が起こるという破滅的な状況からは逃れ続け、138億年間は生き延びてきたとするとしても、例えば明日それが起こる可能性はゼロとはいえない。

可能性がゼロではないことは起こり得るのだから、明日いきなり何もなくなる可能性はある。ただし、この場合は宇宙がすぐに潰れてしまうのでなければ、おそらく時間はしばらく存在し続ける。しかし、時間は存在し続けても我々の知っている原子などの物質はすべてなくなり、誰もいなくなるので、その後の世界を確かめることは誰にもできない。

私たちが止まれるのは「ヒッグス粒子」があるから

ここで、ヒッグス粒子についてあらためて補足しておこう。

ヒッグス粒子とは、宇宙空間に満ちあふれている粒子のような場だ。

こう書かれても、「粒子のような場って、どういうこと？」と首をかしげてしまう人は多いだろう。

原子や素粒子はすべて「粒子のような性質と波のような性質をあわせもつ」というのが、量子論が解き明かす真実だ。つまり、粒子のような場とは、粒子であり、波であり、確率的にぼわっと存在している場のことである。P45で雲のように広がった電子のことを説明したが、ヒッグス粒子も通常は雲のようにボヤッと広がって存在しているものとみなされ、この観点からヒッグス場とも呼ばれる。量子論においては、粒子は場でもあるのだ。ヒッグス粒子は私たちの身の回りの空間にも、もっといえば私たちの体内にも満ちあふれていて、粒子のようにも波のようにもふるまいながらヒッグス場を形成している。

ヒッグス粒子は基本素粒子に質量を与える。それはどういうことかというと、ヒッグス粒子はさまざまな粒子と相互作用していて、その相互作用の結果、それぞれの粒子は、ヒッグス粒子の抵抗を受けて光のスピードでは動けなくなる。

かなり大雑把ではあるが、こんなふうに例えられることがある。水あめのなかで物を動かそうとすると、抵抗を受けて速く動かすことはできない。この水あめがヒッグス場だ。ヒッグス粒子が普通の粒子とぶつかり合い、相互作用する結果、粒子は光のスピードで動けなくなり、ゆっくり動くようになる。ゆっくり動くとは、質量をもつということだ。

ニュートンの運動方程式を思い出してほしい。

物理が苦手だった人は見たくもないかもしれないが、「F＝ma」で表される。Fが力、mが質量、aが加速度だ。

光は、質量をもたないため、m（質量）が0である。、ここでF（力）が0にならなければ、

a（加速度）は無限大でないといけない。すると速度も無限大になってしまうが、相対性理論の効果で速度は光速度を超えることはない。だから、少し押しただけで、光のスピード、つまり最大のスピードで動く。

一方で普通の粒子は、押しても有限のスピードでしか動かない。それはなぜかといえば、ヒッグス粒子に阻まれて、光の速度よりもゆっくりとしか動けないから。それが、質量の正体だ。

私たちに質量があり、光のスピードで動かないのは、空間にヒッグス粒子が満ちあふれているからなのだ。止まることができるのもヒッグス粒子のおかげだ。もしもヒッグス粒子がなかったら、一度動きだしたものは止まらなくなってしまう。

ヒッグス粒子という目には見えないミクロな存在がいかに身近な存在か、なんとなく実感していただけただろうか。

だから、そのヒッグス粒子が相転移を起こしてガラリと性質を変えてしまったら、私たちのよく知っているニュートンの法則さえもそのままでは成り立たなくなって、私たちの知る宇宙はなくなってしまう。

50年かけて見つかった「神の粒子」

ちなみに、欧州原子核研究機構（ＣＥＲＮ：セルン）にある一周27キロメートルという世界最大の加速器を使って、ようやくヒッグス粒子が見つかったのが２０１２年のことだ。わざわざ「ようやく」と書いたのは、ヒッグス粒子の存在は、半世紀も前、１９６４年に予言されていたからだ。フランソワ・アングレールとロバート・ブラウトが共著で、次にピーター・ヒッグスがほぼ同時期に論文を出して予言していた。

とにかく見つけにくい粒子だったものの、ヒッグス粒子があると仮定することでありとあらゆることが説明できるため、間違いなくあるだろうとは思われていた。ただ、実際に発見できなければ「ある」とは証明できない。いくら探しても見つからず、巨大な加速器で何十年もかけてがんばって探してようやく見つかったのが50年後だったというわけだ。ヒッグス粒子は、宇宙にとって非常に重要で、かつ非常に見つけにくいことから「神の粒子」との異名までついた。

ＣＥＲＮがヒッグス粒子発見の可能性が高まったと発表したのが、２０１１年12月のこと。そして「ヒッグス粒子と見られる粒子を発見した」と発表したのが、翌2012年7月4日だ。

さらにその翌年には、50年も前からヒッグス粒子の存在を予言していたアングレールとヒッグスの2人がノーベル物理学賞を受賞している。アングレールの共著者であるブラウトが受賞できなかったのは故人となっていたからだ。

ブラウトが亡くなったのは、2011年5月3日。あと1年ほど長く生きていたら、ヒッグス粒子の存在が確認されたことに安堵し、ノーベル物理学賞を受賞していたことだろう。

まとめ

ヒッグス粒子が相転移を起こして突然宇宙が終わる。

いつ起こるかはわからないため、明日起こる確率はゼロではない

宇宙は、今後1400億年は安泰

ヒッグス粒子が相転移を起こして突然宇宙が終わる場合、それはいつ起こるかわからないと書いたが、可能性はゼロではないとはいえ、ごくごくわずかな確率だ。それよりも可能性として高いのは、宇宙が膨張しきった先に終わりを迎えるシナリオだろう。つまりは、ビッグフリーズやビッグリップだ。

では、ビッグフリーズやビッグリップが起こるのは一体いつ頃なのか。つまり、宇宙はいつまで安泰か——。

宇宙がどんどん広がっていき、やがてほぼ空っぽの状態になっていくビッグフリーズよりも、膨張のスピードが速まって切り裂かれて終わるビッグリップのほうが、起こるとすればそのタイミングは早い。

そのビッグリップが起こるとすれば最低でもどのくらい先かを明らかにした研究結果が

ある。千葉県柏市にある東京大学国際高等研究所カブリ数物連携宇宙研究機構（Ｋａｖｌｉ　ＩＰＭＵ）をはじめとした国際研究チームが２０１８年に発表したものだ。

ハワイのマウナケアの山頂に「すばる望遠鏡」という日本がつくった望遠鏡がある。非常に高性能の巨大なカメラを取り付けて、遠い宇宙の観測を行い、それまでの大量の観測データを解析した。遠くの宇宙を観測することは、昔の宇宙を見ることだ。昔の宇宙を見て、宇宙の構造がどのように変化してきたのかを見れば、将来の宇宙はどうなるのかを理論的に導き出すことができる。

その結果、判明したのは、宇宙の膨張が加速し続けても少なくともこの先１４００億年は宇宙が続くということだった。宇宙が誕生してからまだ１３８億年なので、最低でもその10倍以上は生き延びるということだ。

まとめ
宇宙の膨張スピードが速まっても、時空が切り裂かれるのは１４００億年後

宇宙と時間の運命のカギは未知の物体が握っている

この先最低でも１４００億年は宇宙は生き延びるという前述の研究結果は論文として発表されているが、何も宇宙の寿命について調べるための研究だったわけではない。本来の研究の目的は、「ダークマター（暗黒物質）」と「ダークエネルギー（暗黒エネルギー）」の分布を調べることにあった。これらを調べることで宇宙にまつわるさまざまなことがわかり、そのひとつとして宇宙の運命についてもついでに解析したというわけだ。いわば、おまけの研究結果だったのだが、キャッチーなので話題になった。

このダークマターとダークエネルギーという名前について聞き慣れない人も多いかもしれない。

宇宙は何でできているのかということは、昔から検討されてきた。歴史的には、地球上にある元素や、それらが集まってできた物質が宇宙のすべてだと思われてきたのだが、よくよく調べてみると、どうもそれだけでは説明できないものが宇宙にはあることがわかってきた。それが、ダークマターとダークエネルギーだ。

宇宙を構成する要素のうち、普通の元素からなる普通の物質は全体の5％程度にすぎない。残りの95％は未知のもの、つまりダークマターとダークエネルギーだ。

ダークマターは正体不明の見えない物質で、宇宙に存在する物質・エネルギーのうち約27％を占めている。ダークエネルギーは宇宙空間にまんべんなく満ちている正体不明のエネルギーで、約68％を占めている。

そして、このダークマターとダークエネルギーが、実は宇宙と時間の運命を握っているといっても過言ではない。

宇宙の運命は、ダークエネルギーとダークマターの〝綱引き〟で決まる。

ダークマターには普通の物質と同じように重力があり、膨張する宇宙に対して引っ張る力が働く。だから、ダークマターの量が多ければ、膨張が止まって、宇宙は収縮していく。そして、やがて潰れて終わる。

ほんの20年ほど前まではダークマターの量はわかっていなかったため、宇宙が永遠に膨張を続けるのか、はたまた途中で収縮に転じて潰れていくのか、わかっていなかった。20世紀の終わりまで、宇宙の終わりのシナリオは、膨張し続ける説と潰れて終わる説の両方が同じウエートで語られていた。

ところが、１９９０年代から２０００年前後になって、どうも物質であるダークマターの量は思ったほど多くなく、さらにダークエネルギーという未知のエネルギーがあることがわかってきたため、潰れる可能性はほとんどなくなり、膨張する可能性しか残されていないことが明らかになってきた。

ダークマターは宇宙を潰そうとし、ダークエネルギーは広げようとする

では、ダークエネルギーは宇宙の運命にどのように関わるのかというと、普通の物質とは異なり、重力が逆に働く。普通の物質は万有引力の法則で引っ張り合うが、ダークエネルギーにはそういう性質すらなく、宇宙空間に広がっていて、引っ張らない。むしろ、宇宙を広げようとする。

ダークマターが宇宙を引っ張り、潰そうとして、宇宙の寿命を短くしようとするのに対

し、ダークエネルギーは宇宙を広げてどんどん宇宙の膨張を速くして、潰れる可能性をなくし、宇宙の寿命を長くしようとする。

そういう意味で、宇宙の運命はダークマターとダークエネルギーの綱引きで決まるのだ。そして、ダークマターよりもダークエネルギーの量のほうがずっと多いため、その綱引きはダークエネルギーに軍配が上がる。

宇宙がどんどん膨張していくと、やがてダークエネルギーだらけになる。

というのは、宇宙が膨張すれば、ダークマターの密度は普通の物質と同じようにどんどん薄まっていくのだが、ダークエネルギーは膨張しても薄まらないからだ。どうやら体積あたりの量は一定のようなのだ。

つまり、宇宙の体積が大きくなれば、それに比例してダークエネルギーの総量も増える。物体が形態を変えてもエネルギーの総量は常に変わらないという「エネルギー保存の法則」は、ダークエネルギーにおいては成り立たない。そういう摩訶不思議なエネルギーだ。

宇宙が膨張すると、そういうよくわからない性質をもったダークエネルギーだらけになるので、最終的に宇宙の運命はダークエネルギーに支配されることになる。

だから、時間がどう終わるかもダークエネルギー次第だ。

先ほど紹介した、有限の時間内に距離が無限大になって時空が切り裂かれるようになって終わるビッグリップが起こる可能性も、ダークエネルギー次第だ。ダークエネルギーがある特定の性質をもっていると、そういうシナリオが理論的に導き出される。

ダークエネルギーの性質はまだはっきりせず、誤差の範囲内で少しずつ値をずらすと、宇宙がどんどん膨張してほぼ空っぽの状態が続いてゆっくり終わりを迎えるというシナリオだけでなく、膨張のスピードが速まって時空が切り裂かれて終わる可能性も残される。そのため、今、観測によって誤差の範囲をどんどん狭めようと、世界中の物理学者が取り組んでいるところだ。

まとめ

宇宙と時間の運命はダークマターとダークエネルギーの綱引きで決まる。ダークマターはそれほど多くないため、宇宙は膨張し続ける。最後はダークエネルギーだらけになる

宇宙膨張の発見者はハッブルではなかった

宇宙の膨張といえば、余談だが、宇宙が膨張していることを最初に発見した人はアメリカの天文学者のエドウィン・ハッブルだと長い間いわれ続けていたが、実際には、最初の発見者はベルギーの宇宙物理学者ジョルジュ・ルメートルだ。

ハッブルが「宇宙が膨張している」ということを示す論文を発表したのは1929年だが、実はその2年前の1927年にルメートルがフランス語で書いた論文があった。ただ、フランス語で書かれていたうえに掲載されていたのはベルギーの学術雑誌だったため、あまり読まれず、多くの人はハッブルが最初に発見したものだと思っていた。

なかには真実を知っている人もいたものの、ハッブルがあまりにも有名だったために、「ルメートルのほうが本当は先だ」と誰かが言っても、あまり気に留められなかったらしい。ハッブルも気にしなければ、不思議なことに、ルメートル本人も「自分のほうが最初だ」とは、どうやら主張しなかったようだ。

ハッブルの論文が有名になった後、ルメートルのフランス語の論文は英語に翻訳されたので、その英訳の論文が出れば、ルメートルのほうが先に真実にたどり着いたことが明らかになるはずだった。ところが、英訳された論文ではなぜか、宇宙の膨張の速さを数式で導いた大事な箇所が削除されていた。フランス語の論文にはあったはずの一節がなぜかなくなっていたのだ。

それはのちに大いなるミステリーとして研究者の間で語られた。当初は誰が英訳したのかもわからず、ハッブルが圧力をかけて削除させたのではないかと疑う人もいたほどだ。しかし、その後、マリオ・リヴィオという研究者がいろいろな図書館へ行き、文献を漁って調べたところ、ルメートルが雑誌の編集者に宛てた手紙が残っているのを発見した。それを見ると、ルメートル自身が、「この部分は今やあまり重要ではないから削除します」というようなことを書き添えたうえで削除していたという。

その部分がなければルメートルが発見したという事実がわからなくなってしまうのだから、なぜ、そんなことを本人がしたのかは謎のままだ。世紀の大発見なのだから、自分が発見したと主張する権利は十分あるはずなのに、なぜそんな奇妙な行動を取ったのか、その理由を教えてくれる状況証拠は何もない。

ルメートルはカトリックの神父でもあったので、名誉にはこだわらず謙虚な人だったのではないかと多くの人は勝手に推測して納得しているが、本当のところ本人がどう思っていたのかはわからない。

ただ、2018年に、国際天文学連合という世界的な機関が、ルメートルが最初に発見したのだから正しく事実を伝えましょうと、それまでは「ハッブルの法則」と呼ばれていた、宇宙が膨張していることを表す法則を「ハッブル＝ルメートルの法則」という名前に変えることを決め、今ではそう呼ばれている。ルメートルが最初に論文を書いてから100年近くが経ったものの、名誉は回復された。

まとめ

宇宙が膨張していることを最初に発見したのはルメートルだった。フランス語で書かれた論文であり、本人も主張しなかったので長らくハッブルが第一発見者だと信じられていた

Column

宇宙は膨張し続けている それなのに、どうして銀河が合体するのか

私たちの地球がある天の川銀河と、最も近くにあるアンドロメダ銀河は、約40億年後には合体を始めるだろう、といわれている。

宇宙は膨張し続けているのに、どうして、遠ざかっていくはずの隣の銀河と合体するのだろう。

銀河がすべて宇宙空間に静止していれば、すべての銀河同士は遠ざかっていく。ところが、一つひとつの銀河は宇宙空間のなかであちこち動き回っている。そしてたまたま今、天の川銀河とアンドロメダ銀河はお互いに近づく方向に運動している。距離が近いと、重力の影響が大きくなり、宇宙の膨張に乗って遠ざかる力よりも、お互いに引き合う力のほうが強くなるので、どんどん近づいていく。

だから、遠くの銀河同士は離れていっているが、ある程度近い銀河同士——といっても、宇宙スケールなので数百万光年ほど離れている——は引力が働いて逆に距離が縮まっている。

ただし、銀河は星の密度が低く、銀河と銀河がぶつかってもするりと通り抜けてしまう。

星同士がぶつかることはない。可能性はゼロではないが、ゼロに等しいほど、低い。

例えるなら、日本にソフトボール大の星があったとすれば、隣の星はバングラデシュにあるビー玉ぐらいという距離感だ。地球全体にソフトボールのような星が数えるほどしかないようなスカスカ具合なので、銀河と銀河が通り抜けても星同士がぶつかることはまずない。

そして、銀河と銀河が引き合い、ぶつかると、いったんは通り抜けるものの、また引力によって戻ってきてぶつかるということを何回か繰り返しているうちに、やがてひとつの大きな銀河になっていく。そうやって銀河は合体する。

天の川銀河とアンドロメダ銀河については詳細なシミュレーションが行われていて、その結果、40億年後ぐらいに衝突を始め、70億年後ぐらいには合体してひとつの巨大な銀河になると予測されている。ただ、合体しても星が衝突するわけでも、地球が属する太陽系に影響があるわけでもなく、おそらく「なんだかまわりの星が増えたな」と感じるぐらいのことだろう。

見えない物質ダークマターが発見されたきっかけ

ダークマターとダークエネルギーの話に戻ろう。宇宙と時間の運命はこの2つの綱引きで決まると紹介したが、そもそも未知の物質・エネルギーがなぜ「ある」といえるのか。ダークマターの場合、その存在が指摘されたきっかけは銀河の回転だった。

銀河は、止まっているように見えるものの、何億年といったスケールで見ると、かなりあちこち動き回っている。その銀河がたくさん集まっているところを銀河団といい、そこでは数十、数百といった銀河が集まり、お互いに引き合って通り過ぎてまた戻ってきてという動きを繰り返している。その様子をはたから見ると、全体としては同じような形を保ちながら、中では何十、何百という銀河がぐちゃぐちゃ動き回るということが何億年、何十億年と続いている。

このとき、銀河団が重いと、重力が強く働き、ぐちゃぐちゃした動きが速くなる。重ければ速く、軽ければ遅いというのは物理法則でわかっていることだ。

そうすると、銀河団の中に入っている銀河の平均的な速度を測定すると、銀河団がどれぐらいの重さかがわかる。速度の測定は、ドップラー効果を使えばわりと簡単だ。

ドップラー効果とは、音源や観測者が移動することで音の周波数が変化する現象のこと。よく例に挙げられるのが、救急車のサイレンの音だ。救急車が近づいてくるときには「ピーポーピーポー」というサイレンの音は高くなり、遠ざかっていくときには低くなる。それは、近づくと波長が短くなり、遠ざかると波長が長くなるからだ。

同じ現象は光にも起こる。近づいてくるときには波長が短くなるため色が青くなり、遠ざかると波長が長くなるため赤くなる。このドップラー効果をふまえると、光の性質を調べることで、どのぐらいのスピードで近づいているのか、遠ざかっているのかをかなり正確に測定することができる。

さて、1930年代にスイスの天文学者のフリッツ・ツビッキーがそうやって銀河団の銀河の速度を分析したところ、速度が予想以上に速く、非常に重たいことがわかった。普通に考えれば、銀河団は銀河の集まりだから、銀河の重さを足せば銀河団全体の重さになると思うだろう。ところが、ツビッキーが測定した銀河団の銀河の速度は、個々の銀河の重さを足し合わせたものの何十倍という重さがなければ説明できないほど速かった。

そこで、見えている銀河以外に、何か見えない物質が宇宙空間にはあるのではないかと考えられるようになった。それがダークマター発見の発端だ。

ダークマターの存在はもはや否定できない

つまり、銀河の動きが見えているものの質量だけでは説明できないということから、ダークマターの存在が議論されるようになった。とはいえ、もちろんそれだけでは、見えない物質があるという結論には至らない。

そのため、ダークマターという奇妙な物質があれば説明できるが、そうではないかもしれないという、結論の出ない時代が長く続いていた。

ただ、その後、渦巻き銀河の分析でも同じような結果が出た。渦巻き銀河とは、平べったい円盤のような形をして渦を巻いている銀河で、渦巻きの方向に回っている。そのスピードも、銀河自体が重ければ速く回り、軽ければゆっくり回る。

銀河の場合は星の集まりなので、それぞれの星の質量を足し合わせれば銀河の質量になるはずだが、調べてみると、やはり星の質量の合計の何倍もの質量がなければ回転の速さが説明できないことがわかった。

この結果と先ほどの銀河団の分析結果から、やはり星の間に光ってもいない未知の物質、つまりダークマターがあるのではないかということになっていった。ただ、この段階ではまだ半信半疑で、違う理由も考えられたのだが、いちばん簡単に説明できるのがやはりダークマター説だった。

その後も、「ダークマター以外では説明が難しい」という観測結果がほかにも多数出てきて、もはや否定しようがない状況になっている。それでも、見えないものに対して不安を感じる人間の本能からか、ダークマターの存在を否定している専門家はまだいる。しかし、ダークマターを否定するとありとあらゆる観測結果を説明できている理論が台無しになるため、ダークマターはないという説は現状、旗色が悪くなっている。

まとめ

銀河の動きを調べたら、見た目の合計よりもずっと重いことが判明した。「未知の物質＝ダークマター」なしには、もはや観測結果の説明はできない

ダークマターの正体は不明のまま

ダークマターという、光に反射しない見えない物質がどうやらあるようだとわかった数十年前から、世界中の物理学者が実験で見つけようとしてきた。その努力は現在も続いているが、いまだに見つかっていない。

そのため、一体どういう粒子なのか、その正体はまだわからない。

ダークマターを見つけるには、他の粒子と衝突して相互作用が起きないといけない。ところが、ダークマターは質量をもち、重力をもっていることはわかっているが、重力以外の相互作用が今のところ見つかっていない。相互作用しなければ、何かにぶつかっても何事もなかったかのようにすり抜けていってしまう。

ちなみに、「重力以外」とは、電磁気力、弱い力、強い力の3つだ。現状、この宇宙のなかで働く力は、重力も含めた4つに集約されると考えられている。

この4つの力を一つひとつ簡単に説明しておこう。まず重力は、重たい地球が私たちを地球上につなぎ留めてくれているように、すべてのものがもつ相手を引きつける力だ。次に電磁気力は、電気と磁気の力である。一般的には電気と磁気は違うもののように思われがちだが、本質的には同じであることがわかっている。

あとの2つの強い力と弱い力は、どちらも原子核の中で働く力だ。強い力は原子核の中で陽子と中性子をくっつけている力で、弱い力は中性子が陽子に変わるなど、粒子に変化を起こす力である。

このうち重力の存在はよく知られているからこそ、重力をもっていれば、それを手掛かりに見つかるのではないかと思うかもしれない。しかし、重力は他の力に比べて小さく、ひとつの粒子の重力はものすごく小さいので、近くにダークマターが飛んできたところで、重力によってそれを捉えることはできない。

例えば、電子や原子核が、1911年という早い段階で見つかったのは、電磁相互作用が非常に強いからだ。一方、素粒子のひとつであるニュートリノは、電磁気力をもたず、ものすごく弱い相互作用しかないので、最初の頃は幽霊粒子と呼ばれていた。ただ、粒子をぶつけるとエネルギーがどこかに行ってしまうことがわかり、ニュートリノがエネルギーを持ち去っていると説明できるという仮説が立てられた。そして、弱い力による相互作用があったため、なんとか見つかった。弱い力による相互作用はものすごく弱いものの、重力と比べればずっと強いので、実験施設装置を大きくすることで見つかったのだ。

一方、ダークマターは、今のところ、弱い力との相互作用も強い力との相互作用も電磁気力との相互作用もしていない。あるいは、実際は相互作用をしているのかもしれないが、大きな実験室装置でも見つからないぐらい弱い。

そのため、今のところ宇宙の観測でしか見つかっていない。だが、地球にやってきたダークマターを捕えようという試みはいろいろなところで行われている。日本では岐阜県の神岡鉱山内の地下に検出装置を設置して、今か今かと待ち構えている。液体キセノンという特殊な物質が詰め込まれた検出装置だ。そこにダークマターが飛んでくれば、ほとんどは通り抜けるものの、ごくまれにぶつかって反応する可能性がある。そして、ぶつかれば、光など、私たちが知っている何らかの粒子を出すはずなので、それを分析して「これはダークマター以外にあり得ない」という証拠を捕まえようという作戦だ。

今のところはひとつも見つかっていないが、世界中でそうした努力が行われている。

ただし、この実験で捕まえられるのは、ダークマターが粒子だった場合、だけだ。

ダークマターが普通の粒子だとすると、粒子はものすごく小さいので、計算上では数がたくさんなければいけない。そうすると、地球にもたくさん飛来しているはずで、私たちの身の回りにも多く存在しているはずだ。それこそ、計算上は、角砂糖ぐらいの大きさのところに何百個とぎっしり詰まっているはずなのだ。ただ、まれにしかぶつからないので、私たちは単に気づかないだけという考えのもとに、そのまれにぶつかるタイミングで見つけようというのが、神岡をはじめ、世界中で行われている実験だ。

もしもダークマターがブラックホールだったら？

そのほか、ダークマターは粒子ではないという説もある。ダークマターは、粒子ではなく天体ではないか、具体的にはブラックホールではないかという説だ。

ブラックホールは光らないため、ダークマターがブラックホールだったとしても辻褄が合う。

宇宙の観測から、ダークマターの量はかなり正確にわかっている。だから、もしもダークマターが粒子であれば私たちの身の回りにもぎっしりあるはずだが、もしもダークマターがブラックホールであれば話は違う。ブラックホールは一つひとつがものすごく重いため、宇宙空間にぽつぽつとあればよい。だから、ダークマターの正体がブラックホールであれば、私たちの近くにはないだろう。太陽系の中にもなく、太陽系からずいぶんと離れたところにぽつぽつと存在することになる。

ダークマターが粒子なら、宇宙空間のあらゆる場所に一様に存在すると考えられ、ありとあらゆる方向に引っ張るから、どの方向に引っ張られても力が相殺される。そのため、太陽系内など私たちの周りには何の力も及ばないことになり、見つからない。どこかに集まってくれればわかるのだが、一様に存在すると見つからないのが悩ましいところだ。

その点、ダークマターがブラックホールであれば、宇宙空間にぽつぽつと存在することになるので、何も見えていないところにやたらと物が引っ張られるということになり、そこに何か見えない物質があることがわかる。

だから、ブラックホールであれば、粒子の場合とは違う性質が出てくるので、「ダークマターがもしもブラックホールだったら？」という理論研究が実は今、物理学者の間で人気だ。面白いので多くの学者がこぞって仮説を立てている。

ちなみに、私も先日、関連する論文を書いた。

その内容はというと、よく観測されているブラックホールは、星が潰れてできるなど天体現象としてできたものと考えられている。一方、ダークマターのブラックホールは天体が誕生する前からあり、宇宙が始まってすぐにできていないといけない。ただ、宇宙が始まってすぐにブラックホールができるのはかなり難しく、普通にはできない。そのため、どういう理論であればでき、その場合、どういう性質をもっているのかという仮説を論文にまとめた。

星が潰れてできたブラックホールも、ダークマターとしてのブラックホールも、ブラックホールとしては同じなので、すでにできたブラックホールを観測しても区別はつかない。だからこそ議論は白熱していて、ダークマターの正体はまだ見えないままだ。

まとめ

ダークマターは重力しか確認されていないため、見つけるのが難しい。
ダークマターという粒子を捕まえる実験が世界中で行われている。
ただし、ダークマターは粒子ではなくブラックホールかもしれない

ダークエネルギーはもっとあやふや

宇宙と時間の運命を握る、もうひとつの〝見えないもの〟ダークエネルギーはというと、実はダークマターよりもさらにわかっていない。ダークマターは宇宙のどこにどれだけあるのかがかなりの程度観測でわかってきたが、ダークエネルギーのほうはまるでわかっていない。

ではなぜ、ダークエネルギーが「ある」と考えられるようになったのだろうか。

直接的なきっかけになったのは、1990年代終わりに行われた遠方の超新星爆発の観測だ。超新星爆発とは、重い星が一生の最後に起こす大爆発のことである。

遠方の宇宙で超新星爆発が起こる様子を観測すると、「遠くの宇宙がどのぐらいのスピードで遠ざかっているのか」がわかる。つまり、宇宙膨張のスピードだ。

なおかつ、遠くの宇宙からやってきた光は過去に出た光であり、遠くの宇宙を観測することは過去の宇宙を観測していることに等しい。その意味で宇宙の観測は天然のタイムマシンのようなものだ。

その過去の宇宙での膨張の速さと、現在の宇宙（近くの宇宙）の膨張の速さを比べれば、宇宙が膨張するスピードの変化を知ることができる。

宇宙空間に存在するのが普通の物質やダークマターだけであれば、宇宙の膨張は遅くなるはずだ。なぜなら、物があれば、万有引力の法則で空間を引っ張るからだ。空間を引っ張るというのは不思議に思うかもしれないが、一般相対性理論によってわかっていることだ。

というわけで、宇宙が普通の物質やダークマターで満たされているのなら、宇宙の膨張はだんだん遅くなっていくはずだ。それが常識的な考えだった。ところが、遠方の超新星爆発を観測してみると、どうも宇宙の膨張は速くなっていることがわかったのだ。

ちなみに、遠方の超新星爆発の観測によって宇宙の膨張が加速していることを発見した、米カリフォルニア大学バークリー校のサウル・パールムッター教授、オーストラリア国立大学のブライアン・シュミット教授、米ジョン・ホプキンス大学のアダム・リース教授の3人には2011年にノーベル物理学賞が贈られている。

さて、こうして宇宙の膨張が加速していることがわかった。ところが、ダークマターにしても、そのほかの天体などの物質にしても、引っ張ることしかできないので、宇宙の膨張を速くすることはできない。そうすると、何か反発する力が必要になる。

そこで出てきたのが、ダークエネルギーという考えだ。普通の物質ではない何かが宇宙全体に満遍なく広がっているから、宇宙全体の膨張が加速しているのだ、と考えられるようになったわけだ。

だから、宇宙のことを細かく調べていくと、まずダークマターが必要になった。さらに宇宙の膨張が速まっていることがわかったために〝理論的に導入された概念〟がダークエネルギーだ。

ダークマターとダークエネルギーは、名前が似ているうえにどちらも正体不明なので、似たようなもののように思われやすいが、実はその存在の確信度はだいぶ違う。

ダークエネルギーの存在理由は、宇宙の膨張が速まっているからには、ダークエネルギーのようなものが必要だ、そういうものがないと説明できない、という消極的なものでしかない。だから、ダークマターに比べると、ダークエネルギーのほうが存在の確信度はだいぶ低い。存在する証拠があるわけではなく、あると都合がいいというレベルなのだ。

ただ、ダークエネルギーがないとなると、もっと奇妙で複雑な理論をもってこなければ、宇宙の膨張が加速している理由を説明できなくなってしまう。

ダークエネルギーさえあれば、そういう奇妙さがすべて消えて、すべてをシンプルに説明できるようになるため、今のところ、ダークエネルギーが満ちているのが標準的な宇宙モデルとなっている。

まとめ

ダークエネルギーがあると考えられるようになったのは、宇宙の膨張が加速しているとわかったから。

ダークエネルギーが存在する証拠はないが、あると標準的な宇宙モデルができる

ダークエネルギーの最初の発案者はアインシュタイン⁉

宇宙の膨張が加速していることが明らかになったのが1998年で、その頃からダークエネルギーという存在が語られるようになったのだが、ダークエネルギーのアイデア自体はもっと昔、100年近く前からあった。

実は、そのアイデアを最初に取り入れたのが、アインシュタインだ。ただし、アインシュタインは「宇宙の膨張を速くするためのもの」ではなく、「宇宙が収縮しないようにするためのもの」として、宇宙空間に薄く広がったエネルギー成分を考えた。それを彼は「宇宙項」と呼んだ。

当時のアインシュタインは、宇宙は膨張も収縮もしない、未来永劫不変なものだと考えていた。しかし、彼自身がつくり上げた一般相対性理論にそって考えると、物質は空間をも引っ張ってしまうので、宇宙は収縮し、やがて潰れてしまう。潰れないようにするには、外側に引っ張ってやらなければならない。そこで、アインシュタインが取り入れたのが、現在のダークエネルギーに相当する宇宙項だった。

一般相対性理論の方程式に、宇宙項という項目を追加すると、物質が宇宙を収縮させようとする力と、宇宙項が宇宙を膨張させようとする力をちょうど釣り合わせることができる。そうすると、膨張も収縮もしない静的な宇宙が実現する。

ただ、その後、宇宙の観測によって宇宙は膨張していることがわかった。そのため、〝宇宙の収縮を防ぐもの〟は必要がなくなったので、物理学者たちは、宇宙項というアイデアを一旦捨てた。アインシュタインも「これは必要ない」と取り下げた。

ちなみに、その際、アインシュタインが「宇宙項の導入は人生最大の過ち」と深く後悔したというエピソードがよく知られている。ただ、アインシュタインがどこでそんな台詞を口にしたのかよくよく調べてみると、どうやら話の元はジョージ・ガモフらしい。ビッグバン理論を最初に考え、ライバルから皮肉で言われた「ビッグバン」という名前を気に入ってそのまま使った、というガモフだ。

ガモフが、アインシュタインがそう言ったということを著書に書き、それが広まったというのが真相のようだ。ただ、ガモフはユーモアに富んだお茶目な人だったので、アインシュタインが本当にそんなことを言ったのか、真相は藪の中で、今ではガモフの作り話ではないかともいわれている。

いずれにしても、宇宙項というアイデアは一旦は捨てられたものの、理論的には許されるため、「宇宙項を捨てていいのか」と主張する人もなかにはいた。ただ、「入れる理由がないからいらない」という状況が続いていて、観測データの解析結果に不具合が出ると「やはり宇宙項が必要では」という意見が出たりと、宇宙項は認められたり、否定されたりしていた。

それが、宇宙の膨張が加速していることが明確になり、宇宙項というアイデアはダークエネルギーとして復活した。

「ダーク」はわからないという意味

ちなみに、「宇宙項＝ダークエネルギー」というわけではない。ざっくり説明すれば、ダークエネルギーの特殊な例が宇宙項で、ダークエネルギーは宇宙項を一般化したものといわれた。

そのため当初は「一般化された宇宙項」や「時間的に変化する宇宙項」など、ややこしい説明的な名前が使われていた。そのなかで、あるときシカゴ大学のマイケル・ターナーという著名な物理学者が、宇宙項を一般化した概念としてダークエネルギーという名前をつけて自身の論文に記したら、多くの学者が気に入り、そのまま使われるようになった。

余談だが、物理学の世界でも名前はキャッチーさが大事だ。覚えにくい説明的な名前よりも、ズバッと呼びやすい名前のほうが定着しやすい。

例えば、宇宙が誕生してすぐに急膨張したというインフレーション理論も、その一例だ。佐藤勝彦さんがインフレーション理論をつくったときに、佐藤さんは「指数関数的膨張」という名前をつけた。

だが、その直後に同様の理論を論文にまとめたマサチューセッツ工科大学のアラン・グースがインフレーションと命名したところ、そのキャッチーさがよかったのか、先に発表された指数関数的膨張ではなく、後から登場したインフレーションのほうが定着した。

その点、ダークエネルギーは「よくわからない（＝ダーク）エネルギー」という名前でキャッチーだ。正体は今のところわからないが、宇宙が終わりを迎え、時間が意味を見失う頃には宇宙空間はダークエネルギーで満ちあふれている、はずなのだ。

宇宙と時間の運命を握っているのが、ダークマターとダークエネルギーという正体不明の物質であるということを説明してきたが、時間との関連をさらにいうなら、もしかしたらダークマターとダークエネルギーの正体が時空間の成立と関係しているかもしれない。特にダークエネルギーは、アインシュタインが「宇宙項」の存在を検討したように、一般相対性理論の基礎方程式であるアインシュタイン方程式から自然に現れてきたものだ。時空を司る方程式であるアインシュタイン方程式から出てきたということは、時間と空間とダークエネルギーには何らかの深いつながりがあるのかもしれない。

さらに、時空間と量子論の関係がわからない限り、「可能性がある」としかいえない。時空間を量子的に説明しようというモチベーションから始まったのが、1章でも紹介した「超ひも理論」だ。世界中の物理学者のなかでも特に優秀な人たちが熱心に研究を続けているため、数学的には「こんな面白い関係があった」といった発見がしばしば見つかるが、時空の量子論という点ではまだ本質的な解明には至っていない。だからこそ、もっと違う方法を考えたほうがいいのではないかと、ループ量子重力論などの対抗馬が登場した。

そういえば、ダークエネルギーが見つかった2000年代初めに、尾道で開かれた研究会で観測的宇宙論について紹介し、「ダークエネルギーがなければ観測事実を説明することは難しい」という話をしていたら、超ひも理論の研究者に「そんなものはあっては困る！」と機嫌を損ねられたことがあった。

ダークエネルギーの存在は、超ひも理論とは相性が悪い。というよりも、ループ量子重力論も含め、時空の本質を見極めようとする研究にとって、ダークエネルギーは非常に悩ましい問題だ。しかし、だからこそ、ダークエネルギーの解明が時空の本質を解き明かす手掛かりになるのかもしれない。

まとめ

アインシュタインは宇宙の収縮を防ぐために未知のエネルギーの存在を考えた。ダークエネルギー、ダークマターの解明は、時空の解明のカギとなるかもしれない

終わらない宇宙はあるのか

ここまで紹介してきたように、宇宙はどんどん膨張を続け、やがて粒子と粒子の間が離れていってほぼ空となり、ダークエネルギーだけの空間が取り残されて、時間は意味を失っていく——というビッグフリーズが、現状で最も有力な宇宙の終わり方のシナリオだ。だが、なかには宇宙がいつかは終わりを迎える、いつかは時間も失われるということに違和感を覚える人もいるかもしれない（といっても、気の遠くなるほど先の話だが）。同じように、「時間が永久に続いてほしい」と考える人は専門家の間にも結構いる。そして、そうした人たちは、「こういう方法であれば宇宙や時間が永久に続くのではないか」と終わらない宇宙の独自モデルを提案している。

例えば、前述したエクピロティック宇宙論のように、この宇宙が始まる前にも時間が流れていたという説を唱える人もいる。ただ、「そういう可能性もある」というだけで、はっきりした根拠はない。宇宙が熱い火の玉だったビッグバンのときから時間が流れていたのは状況証拠から明らかだが、その前に関しては確かめられないので、科学者としては何も言えない。私たちの宇宙が誕生する以前の出来事の痕跡が残っていれば科学で検証することができるが、今のところ、何もない。

あるいは、宇宙が膨張しきった後、収縮に転じて、宇宙が潰れるとまたビッグバンが起こり、再び膨張が始まって、「膨張→収縮→ビッグバン→膨張……」というサイクルを延々と繰り返すという説もある。これは、「サイクリック宇宙論」と呼ばれている。サイクリックは「周期的な」とか「循環する」といった意味合いだ。

サイクリック宇宙論では、宇宙は潰れてはまた生まれ、生まれ変わりながら永遠に続くことになる。そして、この宇宙は、ある人の理論に基づくと47回目の宇宙ということだ。ただ、これについても何も言えない。

宇宙が潰れるときには大きさがゼロになり、エネルギーは無限大になる。「無限」が出てくると既存の物理法則はすべて成り立たなくなるので、そこから先に何が起こるのかは予言することはできない。可能性はもちろんあるのだが、既存の物理法則では正しいとも間違っているとも言えない。

では、なぜサイクリック宇宙論を支持する科学者がいるのかといえば、やはり「時間がずっと続いてほしい」という願望なのかもしれない。「時間が始まる」「時間が終わる」「時間が有限である」ことを嫌がる人は少なくない。不安になるのは私もまた同様である。


だから、宇宙に〝始まり〟があるとしたビッグバン理論も、今でこそ定説になっているが、発表された当初は嫌がる人が多く、相当批判された。

そのため、ビッグバン理論が提唱されたのと同じ頃、実はもうひとつの宇宙モデルが提唱された。それは、宇宙は膨張し続けるものの、それに伴って物質も空間から新たな空間と一緒に湧いてきて、それが永久に続くという「定常宇宙論」だ。宇宙が膨張すればその空間にある物質は薄められるが、それをちょうど補うだけの物質が新たに湧き出てくれば、宇宙の状態は永遠に変わらない。

時間が有限であることに抵抗を感じる人は多かったので、定常宇宙論は1950年代には多くの科学者が支持していた。

ただ、その後、宇宙の観測が進むと、次々と発見された新たな観測事実を説明することができず、定常宇宙論には無理があることがわかった。最終的には、ビッグバン理論の証拠として、宇宙の誕生初期に宇宙を満たしていた高温の放射の名残が見つかり、それで一気にビッグバン理論しかないという論調に変わった。

それでもなお、「やはりビッグバンはあり得ない」という物理学者はしばらくの間一定数いて、そういう人たちは手を変え品を変え、マイナーアップデートしながら定常宇宙論の可能性をあきらめていなかった。観測で不利な証拠が出てくるたびに、「こうやって説明すれば矛盾しない」と、次から次に複雑な要素を入れて、なんとか生きながらえてきたが、地動説に対抗しようとする天動説のようなもので、もはや限界を迎えている。

ビッグバン理論であれば、ありとあらゆる観測結果をかなり細かいところまで、自然にシンプルに説明することができるのだ。

まとめ

膨張と収縮を繰り返す「サイクリック宇宙論」、膨張に伴い空中から物質が生まれる「定常宇宙論」が、もし真実であれば、宇宙は終わらない

地球はどのように終わるのか

この章の最後では、地球の終わり方のシナリオについて触れていこう。

地球の終わり方には諸説ある。

太陽に飲み込まれるか、放り出されるかという主に2説あるが、研究が進むにつれてシナリオは頻繁に変わっている。いずれにしても地球の運命のカギを握っているのは、太陽の進化だ。

太陽は、今から50億〜60億年後に急激に膨張してくる。

超高温・超高密度の太陽の中心部では、原子が原子の状態ではいられず、原子核と電子がバラバラの状態になって飛び交っている。そのなかで、太陽を構成する水素の原子核同士が激しくぶつかり合い、ヘリウムの原子核をつくる核融合反応を起こすことで、安定的にエネルギーをつくり出している。

ところがその反応をずっと続けていると、やがて材料となる水素がなくなっていく。中心部の水素を使い果たすと、今度は外側の水素が徐々に反応し始める。そうすると、反応している場所が大きくなることで太陽は膨張し、20億年ほどかけて現在の太陽の200倍前後にも膨れ上がると予測されている。

現在の太陽の半径は約70万キロメートルで、太陽から地球までの距離は1億5000万キロメートルほどだ。太陽が200倍を超えて膨れ上がれば、太陽のまわりを回っている地球は太陽に飲み込まれてしまうかもしれない。つまり、太陽の表面がガンガン迫ってきて、丸ごと取り込まれてしまう。

しかし、この時点では、地球はギリギリ生き延びられる可能性もある。

大きくなった太陽は、表面から物質をどんどん放出していくため、太陽自体の質量が小さくなっていく。その分、重力が弱くなるので、地球は今よりもある程度外側を公転するようになるだろう。そうすると難を逃れられる可能性が出てくるからだ。

ただし、太陽は再び膨張する。

水素を使い果たした太陽は、今度は、ヘリウムを材料に核融合反応を起こし始める。ヘリウムの原子核同士がぶつかると炭素の原子核がつくられ、ヘリウムの原子核と炭素の原子核がぶつかると酸素の原子核がつくられる。

この核融合反応が始まると、太陽は一旦小さくなる。そして、安定してヘリウムの核融合反応を続けるが、1億〜2億年もすると中心部のヘリウムが枯渇してくる。そうして、外側のヘリウムを使った核融合反応が始まり、再び太陽は膨張を始める。それが今から80億年後ぐらいのことだ。

この2回目の膨張では1回目のとき以上に太陽は大きくなり、現在の200倍以上になると考えられているが、太陽の質量はそれまでにだいぶ減っているため、地球がそれまでに飲み込まれていないとすると、さらに外側を公転しているはずだ。だが、運が悪ければやはりここで太陽に飲み込まれてしまう可能性もある。


では、太陽が巨大化する前に太陽系の外に飛ばされて生き残る可能性もあるのかというと、ゼロではない。よほど大きな力が働かない限り、惑星は中心にある太陽からは逃れられないが、太陽と比較できるくらいの大きさの星がどこかからやってきて、太陽系を乱す可能性はある。

そうすると、やってきた星の重力によって、地球は太陽系の外に飛ばされてしまうか、あるいは、公転の軌道が乱されてしまう。今は、太陽のまわりを地球はほぼ円に近い軌道で回っているから、地球の環境は一定に保たれている。寒くてもマイナス90度程度、暑くても40度、50度程度という範囲に収まっているのは、太陽との適切な距離感が常に保たれているからだ。

ところが、公転の周期が楕円になると、太陽に近づいたり遠ざかったりするので、太陽の近くに来るときには数百度、数千度まで上がり、遠ざかるとマイナス何百度まで下がるといったことを毎年繰り返すようになってしまう。

また、太陽系の外に飛ばされたときにも、太陽からの恩恵を受けられなくなり、氷の惑星と化してしまう。

太陽ほどの大きさの星が近くをかすめ通る確率は低く、数億年で起こるようなことではないが、数兆年というスケールであればあり得なくはない。ただ、そうすると、やはり太陽が膨張して地球を飲み込むタイミングのほうが早いかもしれない。

地球上の生命がいなくなるのは

ただ、いずれにしても地球上の生命がいなくなった後の話だ。

太陽は徐々に明るさを増している。地球の表面温度が１００度を超えると、海がなくなってしまう。水がなくなれば、生命はおそらく生き延びられないだろう。

太陽が大きくなるときは、宇宙の時間スケールでみれば一瞬で、急に大きくなるのだが、明るくなっていくのは徐々に、だ。20億年後には、今の１・2倍の明るさになるだろうと予測されている。地球の表面温度が１００度を超えるのは、10億年後ぐらいだろう。地球が太陽に飲み込まれるのは、それよりもずっと後のことだ。つまり、地球が太陽に飲み込まれるとしても、その頃には、地球上には生命は存在しなくなっている。


ここまで、地球の終わりや生命の終わりの予測を紹介してきたが、私たちが属するホモ・サピエンスが誕生したのは、ほんの20万年ほど前といわれている。宇宙の歴史、地球の歴史を考えると、ごく最近のことだ。

最も古い人類といわれる猿人（アウストラロピテクス）にしても７００万年前だ。そう考えると、1億年も経てば、そもそも今の形の人間はいないだろう。もしも今の地球環境が保たれたとしても、人間は進化なのか、退化なのか、形を変えていることだろう。

だから、数十億年後、1億年後の地球環境の変化よりも、この先百年後、十年後の環境の変化のことを心配するべきだろう。特に最近の地球温暖化については、憂慮すべき段階にきている。

まとめ

地球の最後は、大きくなった太陽に飲み込まれるか、太陽系の外に飛ばされるか。

太陽はだんだん明るくなっていて、地球上の温度も上がるので、やがて生命は生きられなくなる。

地球の運命も、地球上の生命の運命も太陽の進化に左右される

4章

時間の「道具」

——時計が人々の生活を変えた

自然のサイクルで時を計る──日時計、水時計、砂時計、火時計

1章で、重力による時間のゆがみは、精緻に時間を計ることで地球上でも確認できる、と伝えた。例えば、地上から高いところと低いところでは、地球の中心からの距離が異なるために、重力の源までの距離が違う。そうすると、わずかに時間の進み方も変わる。これは、すでに説明したとおり、一般相対性理論から導かれることだ。

そのわずかな時間の進み方のズレを現実に確かめられるようになったのは、ひとえに、時間を計る技術が格段に進化したからだ。ほんの150年前まで、日本でも、1時間という時間の長さは季節によって変わっていた。それが今では、1時間や1分、1秒どころか、10のマイナス18乗秒(0.000000000000000001秒)までブレることなく正確に計れるようになった。

時間を精緻に計れるようになったおかげで、「こうなるだろう」と理論で予言されることが、現実に確かめられるようになり、物理学のごく基本的な法則の正しさを私たちは調

バビロニアの日時計

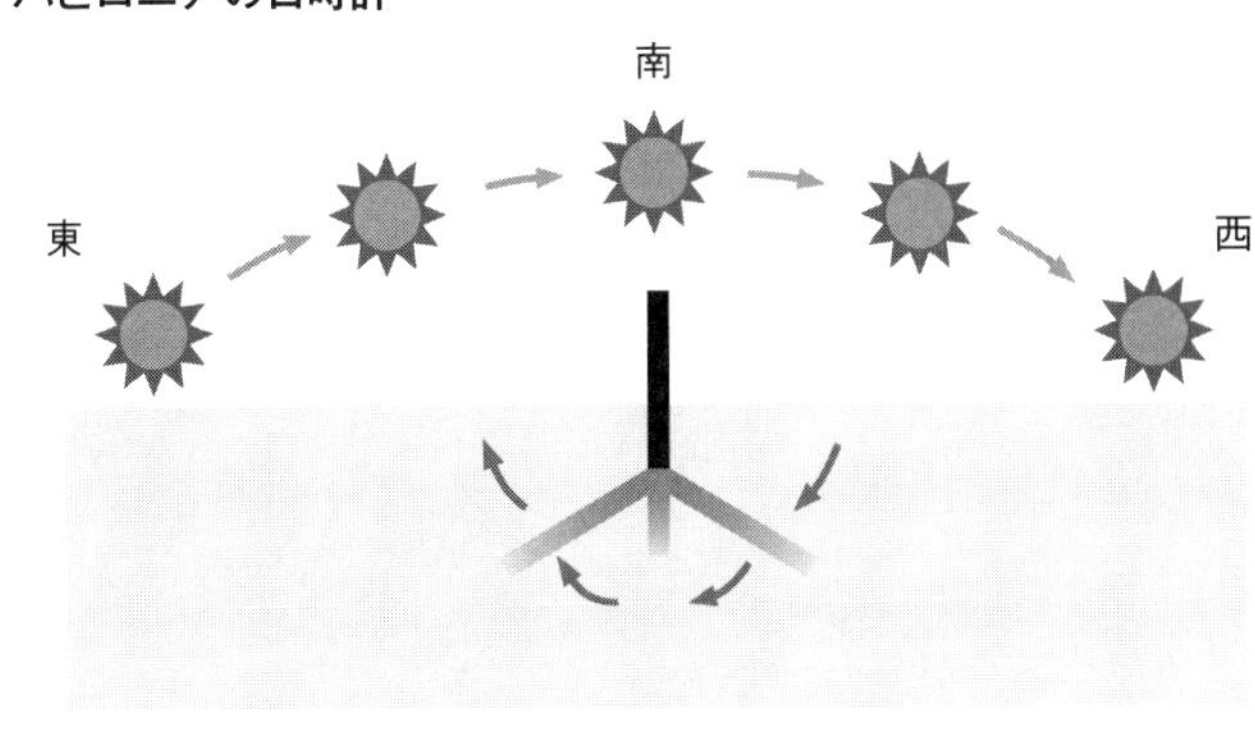

べられるようになった。素晴らしいことだ。

この章では、時を計る技術がどのように変わっていったのか、その変遷を見ていこう。

人類が初めて発明した時計は、「日時計」だ。紀元前4000～3000年のエジプトの壁画に日時計が描かれており、その頃には使われていたことが明らかになっている。ただ、起原はもっと古く、バビロニアにあるそうだ。

地面に垂直に棒（グノモン）を立て、その影の方角と長さで大まかな時刻を読み取っていた。昼間、太陽が高く昇れば影は短くなり、夕方になるにつれて影は伸びていく。そして、北半球では東から出てきた太陽は南の空を通って西に沈むため、日時計の影は右回りに動く。ここから、時計の針は右回りになったといわれている。

日時計は手軽でシンプルだ。そのため、文字盤付きの日時計、持ち運べる携帯用の日時計など、改良されながら19世紀頃までヨーロッパをはじめ世界各地で使われていた。

ちなみに、ニュートンは、室内用の日時計をつくっている。南に面した自宅の部屋に鏡をセットし、毎日同じ時刻に鏡が反射する太陽の光を記録し、一年がかりでつくり上げた。

水の流れで時を計る「水時計」

日時計は、機械時計が登場しても、当初の機械時計は精度が低かったので、その誤差を補正するために使われていた。ただ、日時計には決定的な欠点がある。天気に左右されること、日が沈んでからは使えないことだ。

そこで登場したのが、水が一定に流れることを利用した「水時計」だ。

水時計にもさまざまな種類があるが、いちばんシンプルなものは、お椀型の容器の底に小さな穴が開けられたものだ。容器に水を満たすと、穴から水が流れ出す。その水位を見ることで時間を計っていた。

現存する最古の水時計は、紀元前１４００年頃にエジプトでつくられたもので、カイロ博物館に保存されている。当時はまず昼と夜を分け、それぞれを12時間に分けていた。その最古の水時計には内側に12の月が描かれ、その月ごとに12時間の日盛りが刻まれていた。日没とともに水を満たし、日が沈んだ後の夜の時計として使われていた。

日本で最初に使われた時計は水時計だったといわれている。中国からもたらされたもので「漏刻」と呼ばれていた。飛鳥時代にあたる660年に、のちに天智天皇になる中大兄皇子が漏刻をつくり、天皇即位後の671年にその漏刻を新しい天文台に設置して、鐘と太鼓で時を知らせるということを始めた。それが日本で最初の時計だ。それまでの時間は、太陽の

漏刻

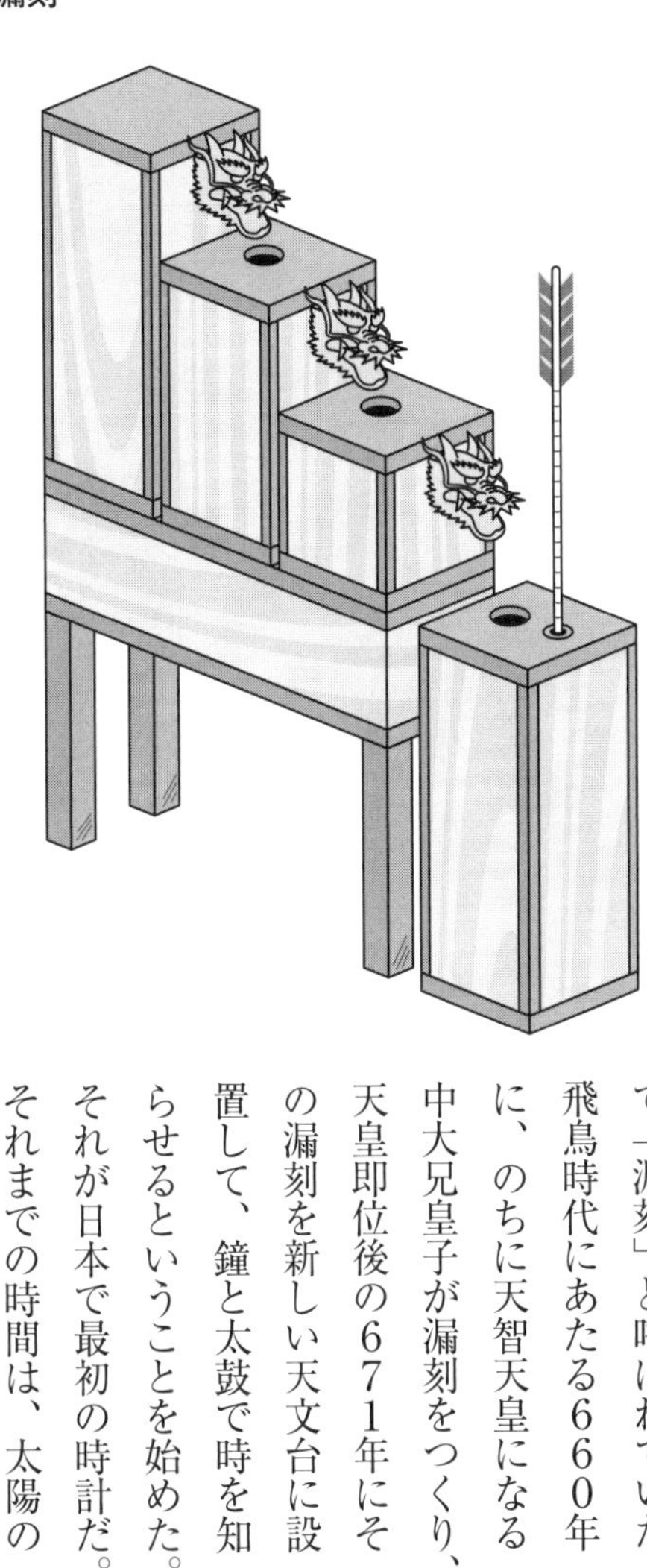

動きなどとともに個々で感じるものだった。それが、この漏刻による時報が始まったことで、共通の時間という感覚が生まれたのだ。

この水時計（漏刻）は、４段の水槽を階段状に並べた構造になっている。隣り合う水槽は細い銅管でつながっていて、いちばん上の水槽に水を流すと、上から下へと順にゆっくり落ちていき、いちばん下の水槽に水がたまる。その最下段の水槽には矢が浮かべてあり、水量が増すにつれて矢は浮き上がり、その矢に記された目盛りを読むことで時刻がわかるという仕組みだ。

なおかつ、一段下の水槽に水を送るのには「サイフォンの原理」が使われている。サイフォンの原理は、スタート地点の水面（③）が排水位置（②）よりも高ければ、管を水で満たしさえすれば、水を一旦上に上げてから下に注ぐことができる、というものだ。

サイフォンの原理

①
③
②
管を水で満たすと、高い位置（①）を経由して、動力なしで水が流れる
排水位置（②）が水面（③）より低ければ、水は流れ続ける

漏刻では、異なる高さにある水槽が管でつながれて

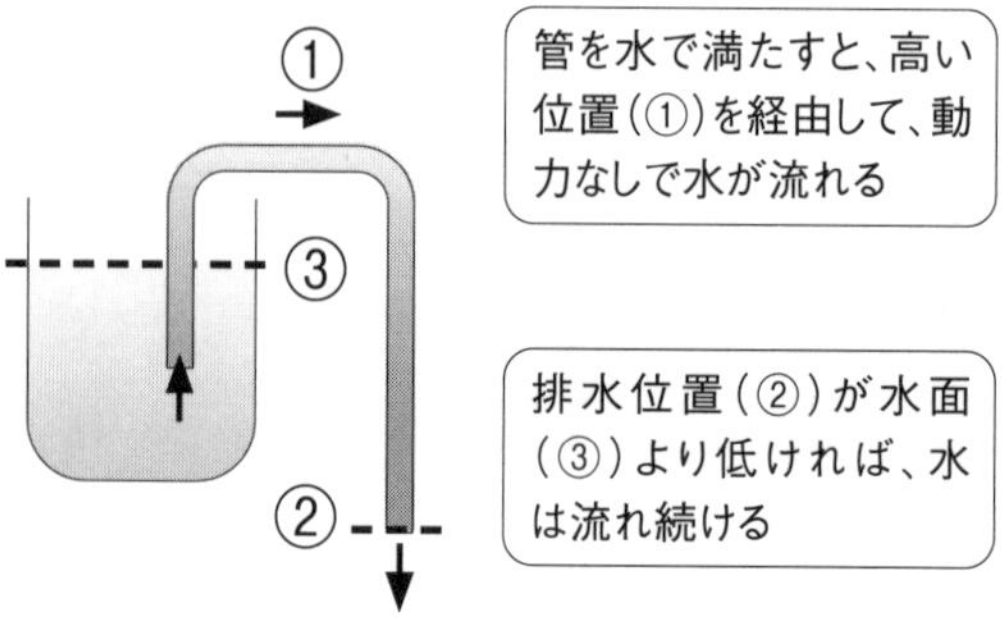

おり、サイフォンの原理によって、水は一段下の水槽に移動している。そうすることでより安定した水の流れをつくることができた。

漏刻において大事なのは、最後の水槽になるべく一定のスピードで水が流れるようにすることだ。そのためにひとつ手前の水槽の水位を一定に保たなければいけない。漏刻では、サイフォンの原理を用いるとともに、水槽を複数段にすることで、水の落ちる速さがなるべく一定になるように工夫されている。

ところで、「時間を繰り上げる」「時間を繰り下げる」という表現がある。「時間を繰り上げる」は前倒しすることで、「繰り下げる」は遅くすることだ。時間に対して「上げる」「下げる」という言い方をするのは、水を上から下に流すことで時間の流れを計っていたことに由来するのかもしれない。

燃えるスピードで時を計る「燃焼時計」

水時計は曇りや雨の日、夜間でも使える一方で、寒い地域では冬になると凍ってしまうという欠点がある。そこで次に登場したのが「砂時計」だ。これはわざわざ説明する必要はないだろう。砂が落ちていくスピードで時間を計るというものだ。ただ、砂は重いため短い間隔の測定に限られ、主に船の上で使われていた。

ちなみに、日本には世界最大の砂時計がある。鳴き砂で有名な砂浜・琴ヶ浜のある島根県仁摩町にある仁摩サンドミュージアム内の「砂暦」だ。1年かけて1トンの砂を落とす「一年計」で、毎年大晦日に砂時計を反転させる。


そのほか、燃えるスピードがほぼ一定であるものを利用した「火時計（燃焼時計）」も登場した。ろうそくの残りの長さで時間を計る「ろうそく時計」、オイルランプの油の残量を目盛りで読み取り、時を計る「ランプ時計」のほか、中国や日本ではお香、線香、火縄なども使われた。

日本で有名なのが、香盤時計だ。灰の上に迷路のような線を凹型に型押しし、そこに抹香を敷き詰めて、その一端に火をつけ、「どこまで燃えたか」で時間を計っていた。もともとは「常香盤」という長時間お香を焚くための仏具だったが、お香が燃える速度が安定していたことから、時計としても使われるようになった。等間隔に香りの異なるお香を入れて、一定の時間がくると香りで知らせるような工夫もされていたという。

香盤時計

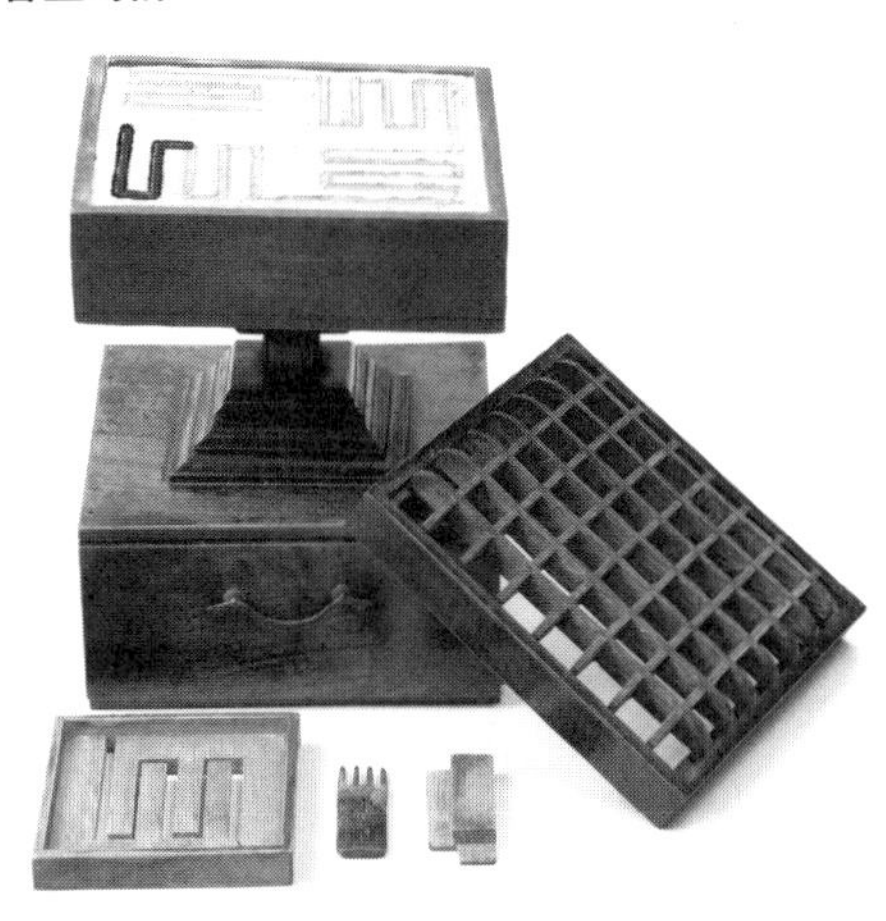

画像提供：セイコーミュージアム 銀座

また、寺子屋の授業時間や芸者の勤務時間は、線香の燃える本数で管理されていた。つまり、線香がタイマー代わりに使われていた。

このように昔の人々は、身の回りにあるもののなかから一定の周期をもつものや速度が一定なものを見つけて、時間を知る道具として使っていた。

まとめ

太陽の動き、水の流れ、物が燃えるスピードなど、身近なもののなかに「一定の時間」を見いだした

変わらない周期をつくり、時を計る―機械式時計

機械式時計が登場するようになったのは1300年頃だ。最初の機械式時計は「塔時計」といって、教会の塔につくられた。最初の塔時計は、文字盤も針もなく、鐘を鳴らして時を知らせる時計だった。

機械式時計は、動力で歯車を動かし、その歯車の速度を一定にコントロールすることで時間を表現する（針を動かす、鐘を鳴らすなど）というものだ。そのために、時計を動かすエネルギーとなる「動力源」と、規則正しい振動数を生み出す「調速機」、動力源で発生した力を一定のリズムで解放して一定間隔で歯車を回転させる「脱進機」によって構成されている。

こうした構成は今でも同じだ。それぞれがより小さく、より精度高く改良されてきたことで、機械式時計は進化してきた。

最初の塔時計において動力源となっていたのは、錘だ。錘が重力で下に落ちるエネル

棒テンプ（調速機）

「棒テンプ」は、水平な棒の両端に移動できる錘がつり下げられたもの。動力源の錘が下がるエネルギーで、棒テンプが往復運動をする。水平方向に揺れることで、テンポをつくる。この棒テンプの中心を通っている軸には「冠型脱進機」の上下に当たるところにパレットという金属のツメがついていて、棒テンプの動きに伴い軸が回転すると、ツメが当たったり外れたりして、冠型脱進機の回転にアクセルとブレーキを交互にかける。棒テンプの錘の位置を変えることで、往復運動の速さを変え、時計のテンポを調整した

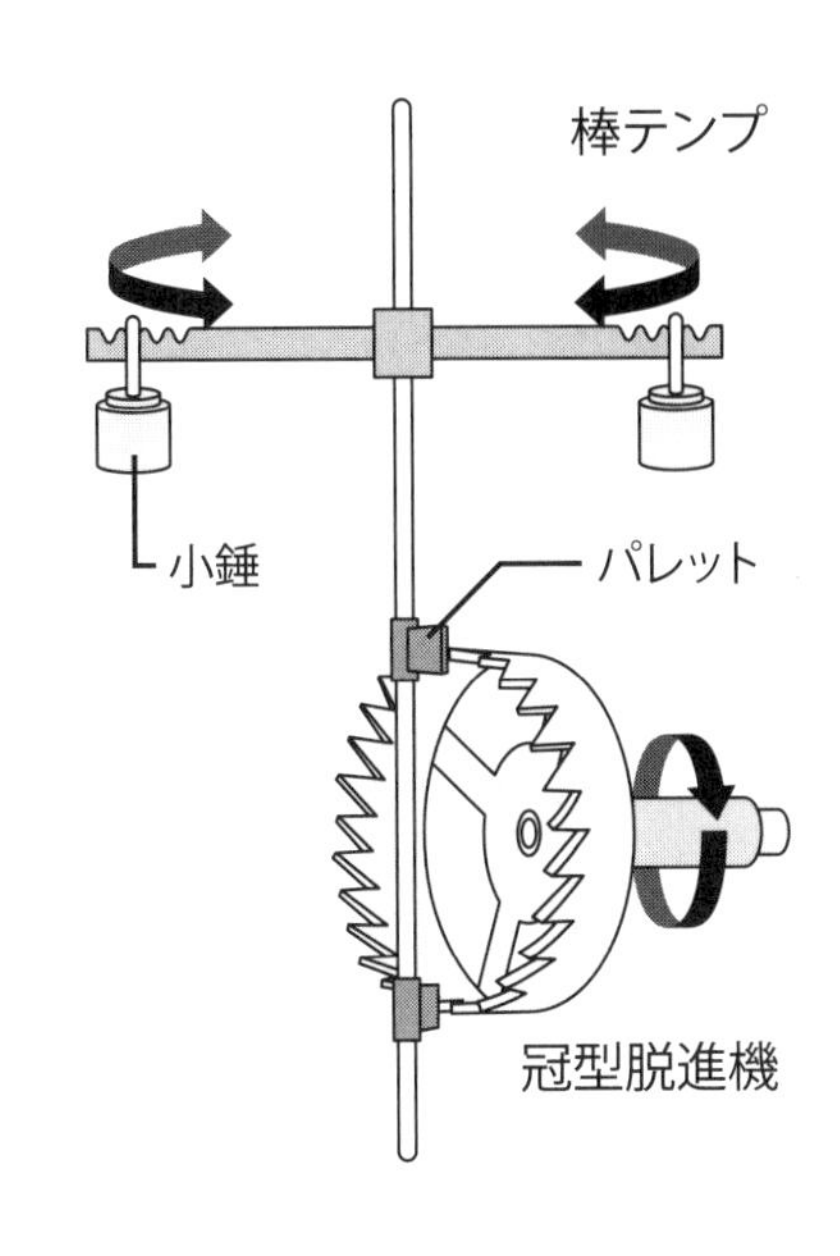

ギーを使って時計を動かしていたので、ある程度の高さが必要だった。そのため、塔につくられた。

ただ、錘が一気に下に落ちてしまっては困る。ゆっくり、かつ一定のテンポで落ちていくための仕組みとして、脱進機と、調速機としての「棒テンプ」というものが考案された。

塔時計は、鐘を鳴らすものだけではなく、文字盤が付いたものもつくられるようになったが、この頃は針がひとつだけだった。棒テンプによる機械式時計は1日に30分から1時間のズレが生じたので、分単位の表示はできな

かったのだ。そのため、時針のみで大まかな時間を伝えていた。

なおかつ、錘が下がり切ったら上まで巻き上げる作業が必要だ。巻き上げている間は、時計は止まる。最初の頃は数時間しかもたなかったため、数時間おきに止まっていた。

「ゼンマイ」の発明で時計は動かせるようになった

初期の機械式時計は誤差が大きかったとはいえ、人々が共通の時間をもてることのメリットは大きく、教会だけではなく広場などにも設置されるようになっていった。そうすると、決まった時刻に市場が開かれるなど、生活はより便利になっていった。

人々は家の中にも時計をもちたい、あるいは時計を持ち歩きたいと考えるようになった。そのためには時計を小さくしなければいけない。錘が下に落ちる力を動力に使っている限り、それは叶わない。

そこで登場したのが、ゼンマイだ。弾力性の高い金属を渦巻き状に巻き、それが元に戻ろうとする力を動力源として活用した。今でも高級な機械式時計の動力源にはゼンマイが使われている。

このゼンマイの発明によって、時計は移動させることができるようになった。人々は時間を持ち歩けるようになったわけだが、当時のものは携帯できるといっても大きめで、腕に載せるどころかポケットに入るようなサイズでもなかった。

振り子時計の発明で「分」を意識するようになった

15世紀後半にはゼンマイを動力源として持ち歩ける時計がつくられるようになったが、調速機と脱進機は塔時計のときのままだった。そのため、精度は悪く、2つの時計が同じ時刻を示すことはなかった。

しかし、この頃、時計の精度を上げるひとつの大きな発見がもたらされる。イタリアの天文学者・物理学者のガリレオ・ガリレイが発見した「振り子の等時性」だ。

振り子の往復にかかる時間は、錘をつるす糸の長さが同じであれば一定である。これが、振り子の等時性の法則だ。「振れ幅がある程度以上にならなければ」という前提条件はつくものの、揺れが大きくても小さくても、錘の重さが変わっても、振り子が一往復するのにかかる時間は変わらない。

このことに気づいたのは、ガリレオが18歳の医学生だったときといわれている。ピサの大聖堂の天井につるされたランプの揺れを見ながら、ランプが大きく揺れても小さく揺れても往復にかかる時間はほとんど同じであることに気づき、自分の脈を測りながら確かめた――。というのがよくいわれている発見のエピソードだが、大聖堂のランプが設置されたのはもっと後のことであり、また、そもそもランプは鉄の棒で支えられていて揺れることはないのではないか……など、多数の反論があり、この逸話の信憑性は確かではない。

　ただ、ガリレオが振り子の等時性という偉大な発見をしたこと自体は確かだ。そして、その発見をもとに、オランダの数学者・物理学者であるクリスチャン・ホイヘンスが振り子時計を完成させた。それはガリレオ亡き後の１６５６年のことだ。

振り子の等時性

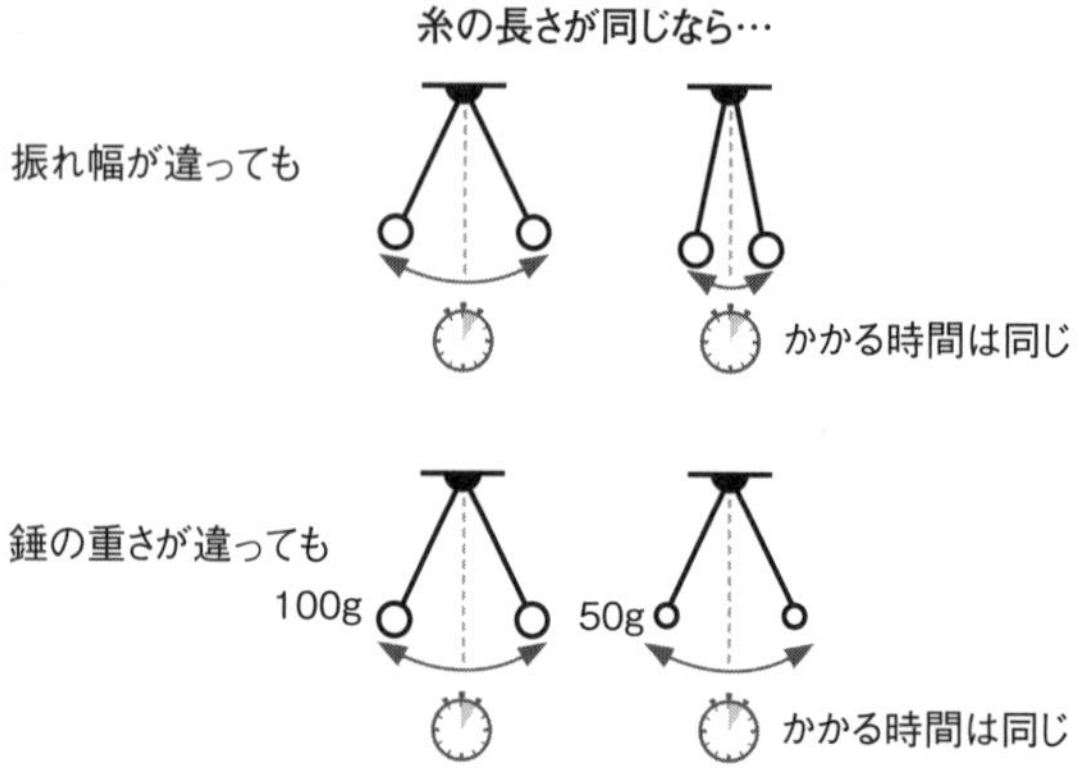

糸の長さが同じなら…
振れ幅が違っても
かかる時間は同じ
錘の重さが違っても
100g
50g
かかる時間は同じ

最初の機械式時計に使われていた棒テンプは、振れ幅によって往復にかかる時間が変わり、等時性がなかった。棒テンプから、等時性のある振り子に替わったことで、時計の精度は格段に上がった。

誤差は1日10分程度にまで縮まり、この頃から機械式時計の針は2本に増えた。時針だけでなく、分針もつくようになり、人々は「分」という単位の時間も意識するようになった。

「テンプ」の発明で時間をどこにでも持ち歩けるようになった

振り子時計が登場し、精度は上がったが、大きな弱点があった。船のように揺れる場所では振り子全体が揺れ、意味をなさなくなってしまうのだ。そのため、振り子時計は移動時に持ち歩くのにも適さなかった。

そこで登場するのが、ヒゲゼンマイ付きのテンプだ。

天輪と呼ばれる輪っか状の金属の内側に、渦巻き状に巻かれた細いゼンマイ（ヒゲゼンマイ）が取り付けられたものだ。ヒゲゼンマイの一端は天輪のアーム（中心を通って横たわる橋のような部分）の中心に固定され、もう一端はテンプを支えている部品（テンプ受

テンプ

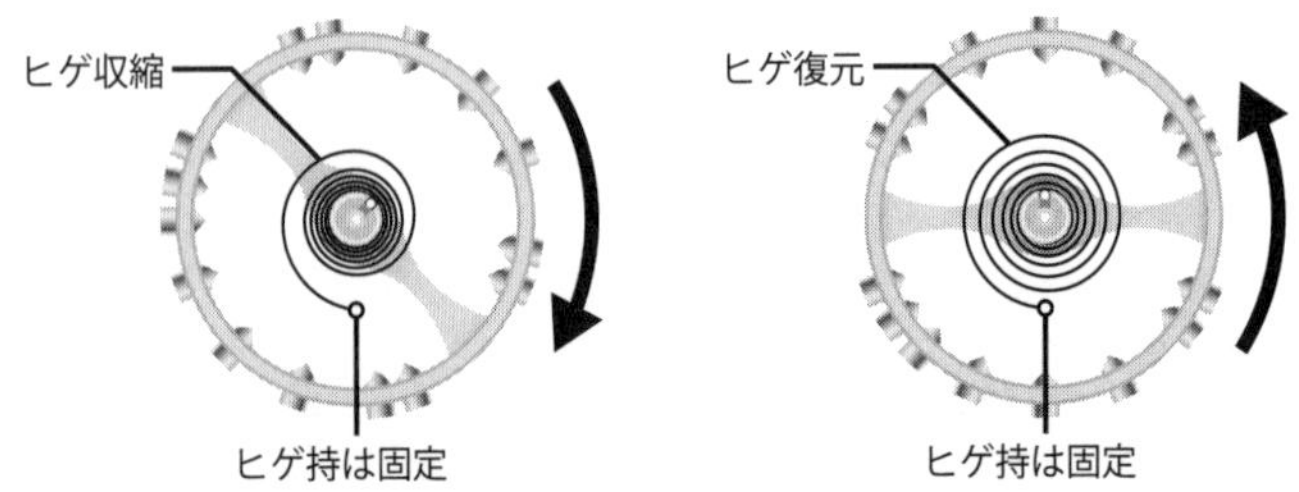

「テンプ」とは、金属の輪の内側に渦巻き状に巻かれた細いゼンマイ（ヒゲゼンマイ）が仕込まれたもの。ヒゲゼンマイの収縮で天輪が左右に交互に回転し、振り子のように規則正しいリズムで往復回転運動を繰り返す

け）に固定されている。つまり、ヒゲゼンマイによって半分固定されているような状態だ。

テンプに力が加わって右に回転すると、ヒゲゼンマイが巻き込まれる。十分に巻き込まれると、ほどこうとする力が働くため左に逆回転する。すると、今度は勢い余って元の状態を通り過ぎて開かれていくので、元の状態に戻ろうとしてまた逆回転する。このように、ヒゲゼンマイの元に戻ろうとする力のおかげで、テンプは規則正しく往復回転運動を繰り返す。

テンプには、バネが元に戻ろうとする力（弾性力）はバネの伸び（変形量）に比例するという「フックの法則」が応用されている。フックの法則を発見したのは、イギリスの科学者ロバート・フックだ。フック自身も、バネの慣性力を時計に生かせないかと、いろいろな種類のバネ付きテンプを考案した。ただ、渦巻き型のバネというアイデアには至らなかった。

渦巻き型のヒゲゼンマイを使ったテンプを考案し、時計に応用したのは、振り子時計を発明したホイヘンスだ。

テンプは、振り子とは違って、揺らしたり裏返したりしても規則正しい往復運動を続ける。また、振り子はある程度の長さが必要だが、テンプなら小さくできる。テンプが発明されたことで、時計は小さく、どこにでも持ち運べるようになった。

まとめ

機械式時計の動力源は、錘からゼンマイに替わり、小型化が可能になった。

調速機は振り子に替わって精度が格段にアップし、さらにテンプになったことで精度は保ったまま携帯も可能になった

現在の機械式時計

現在の機械式時計も、動力源にはゼンマイが、調速機にはヒゲゼンマイ付きのテンプが使われている。脱進機に使われているのは「アンクル脱進機」というものだ

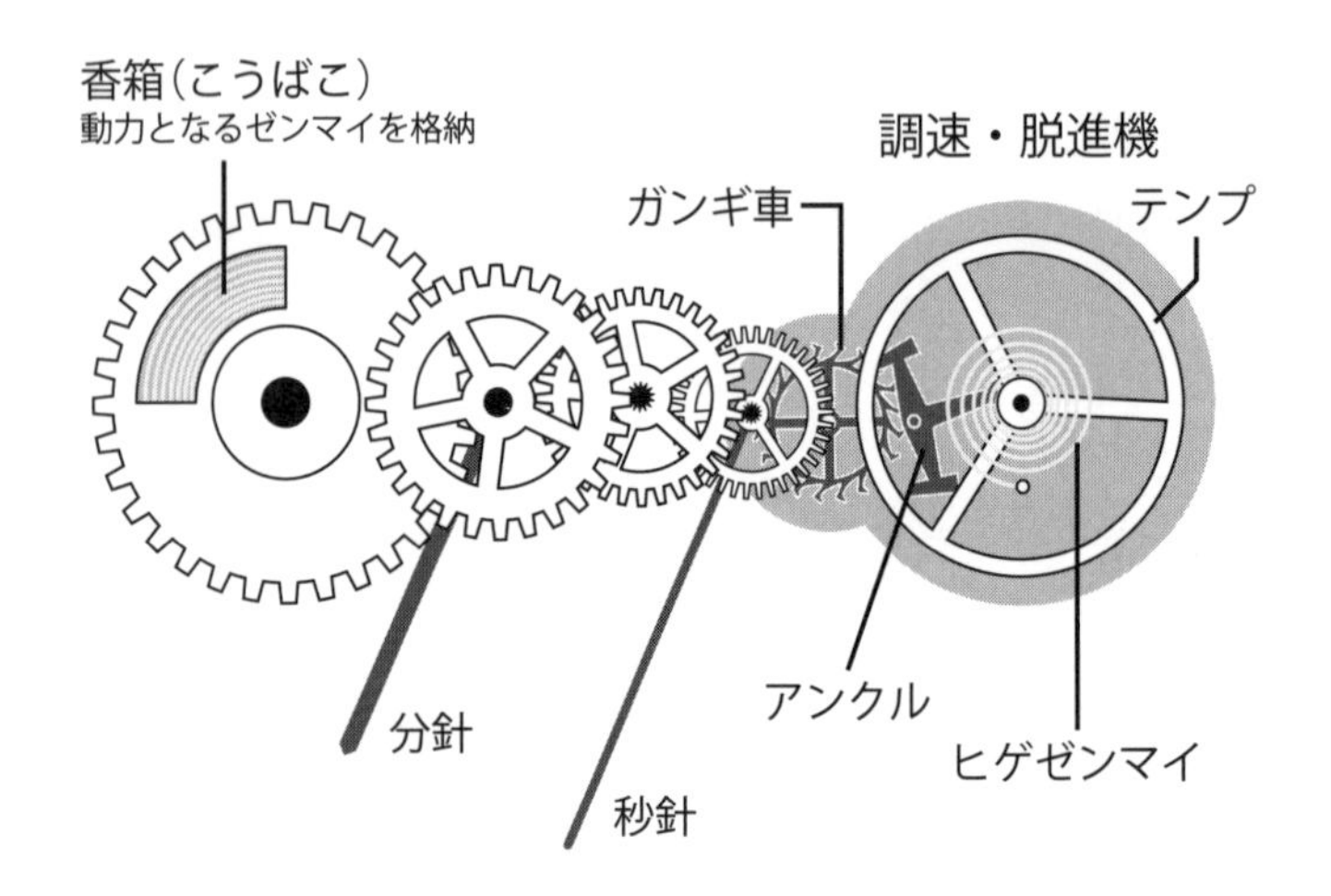

アンクル脱進機

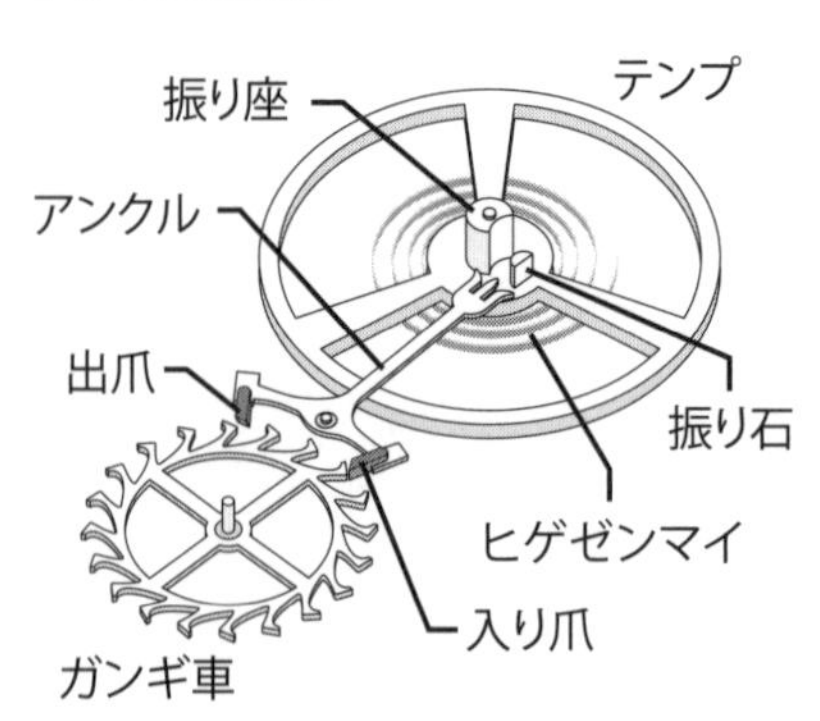

アンクル脱進機は、テンプと針を動かす歯車の間にある。テンプが刻む規則正しいリズムに伴い、アンクルも動き、「ガンギ車」の歯に引っかけて外すという動作を繰り返すので、ガンギ車に正確なリズムが伝わる。そうやって針を動かす歯車を正確にコントロールしている

Column

季節で変わる時間に対応した和時計

江戸時代の日本では、独特の時刻制度が用いられていた。

まず、日の出を「明け六つ」、日没を「暮れ六つ」と呼び、時刻の基準とする。そして明け六つから暮れ六つまでを「昼」、暮れ六つから明け六つまでを「夜」として、一日を昼と夜に分け、さらにそれぞれを6等分するというものだ。

よって、1日は12の時間に分けられ、その時間の単位は「一刻（いっとき）」と呼ばれた。一刻の長さは昼と夜で変わり、さらに日の出、日の入りの時間は季節によって異なるため、季節によっても伸び縮みした。

このような独特な時刻制度を使っていたため、機械式時計も、その独自の時間に合わせた工夫が必要とされた。そうしてつくられたのが和時計だ。

なかでも最高傑作といわれているのが、江戸時代末期につくられた「万年自鳴鐘」だ。「万年時計」とも呼ばれている。

六角柱の各面に、①和時計、②二十四節気、③七曜、④十干・十二支、⑤月齢（月の満ち欠け）と旧暦、⑥洋時計という6種類の時計が表示され、さらに上部にある半球形のガラスケースは、京都から見た太陽と月の動きを再現する天球儀（プラネタリウム）となっている。これらの〝時計〟が連動して動くよう、大小さまざまな歯車をはじめ、1000点を超える部品で細やかに調整されていた。特に和時計は、文字盤の時刻を表す文字が毎日少しずつ自動的に動き、文字の間隔が変わることで、季節によって変わる一刻の長さに対応していた。

動力として使われていたのはゼンマイで、一度ゼンマイを巻けば1年間動き続けたというから驚きだ。

万年自鳴鐘（万年時計）

画像提供：東芝未来科学館

この万年時計をつくったのは、多くのからくり人形をつくり、「からくり儀右衛門」とも呼ばれていた田中久重という人だ。48歳のときに万年時計をつくり始め、3年かけて完成させ、その後もさまざまな発明品を残したのち、75歳のときに久留米から上京。銀座に店舗兼工場を設けた。これが、のちの東芝だ。つまり、東芝の創始者である。

自然界のミクロな振動で時を計る―クオーツ時計、原子時計

時計の精度を高めるには、振動数を増やす必要がある。時間あたりのテンプの往復回転運動の数（振動数）が多いほど、1秒や1分といった時間を精緻に表現することができ、動きも安定する。ただ一方で、機械式時計の場合、振動数を増やすと部品が摩耗しやすいという問題がついて回る。

そこで1900年代に入ると、新機軸の時計が登場する。機械的に周期をつくるのではなく、再び自然のなかに、不変の周期を見いだすようになったのだ。といっても今度はもっとミクロな自然だ。

まず1927年に「クオーツ（水晶）時計」が発明された。このもととなっているのが、「逆圧電効果」というものだ。逆圧電効果ということは、圧電効果もある。圧電効果は1880年に、キュリー夫人の夫であるピエール・キュリーとその弟のジャック・キュ

水晶式時計

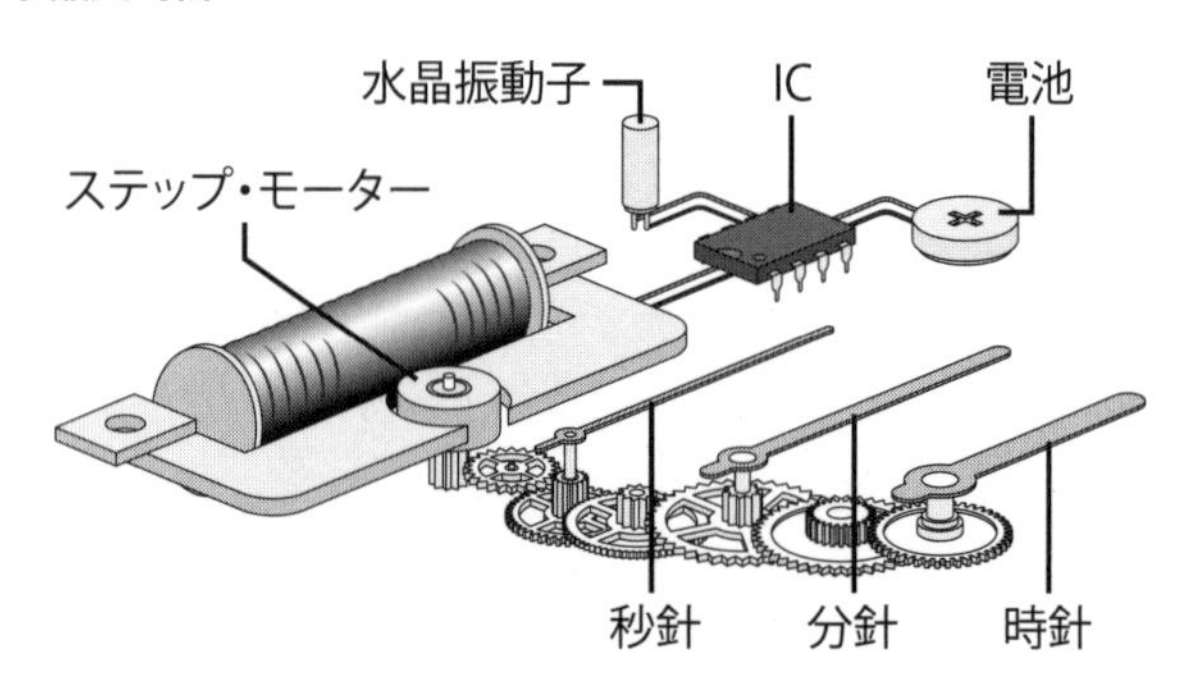

アナログのクオーツ時計の模式図。水晶の振動が IC によって 1 秒ごとの電気信号に変えられ、さらにステップ・モーターで回転運動に変えられ、歯車を動かす

リーによって発見された。ある特定の結晶に力を加えると両面に電圧が発生する、という現象だ。

その逆で、そうした結晶に電圧を加えると伸びたり縮んだりして変形する。これが、逆圧電効果だ。クオーツ時計では、水晶が逆圧電効果を起こしやすいという性質が使われている。

小さく薄くカットした水晶に交流電圧をかけると、伸びたり縮んだり交互に変形する。この振動が、1秒間に3万2768回という非常に正確な周期で起こるので、クオーツ時計では、この振動の回数を数えて、正確な「1秒」を刻んでいる。このクオーツ時計の登場によって、誤差は1カ月で15秒ほどと、また一段と精度が上がった。

原子が出す光の振動をカウントする「セシウム原子時計」

現在、一般的に普及している腕時計の多くはクオーツ時計だが、世界共通の基準として用いられているのは、原子時計が刻む時間だ。

すべての原子は、固有の共鳴する周波数をもつ。つまり、それぞれに決まった波長の光（電波）だけを吸収したり放出したりする。

その周波数をもつ電波を当てると、それを吸収して、原子はわずかにエネルギーが高い状態になる（励起状態と呼ぶ）。また、励起状態の原子が、その周波数の電波を放出すると、元の状態に戻る。吸収するときも放出するときも、その周波数は常に一定になる。

周波数とは、単位時間あたりに繰り返される波の数のことだ。だから、周波数が決まれば、1秒間で繰り返す波の数がわかるので、「1秒」を特定することができる。

原子時計は、こうした原子のもつ特性を活用した時計だ。

すべての原子に共通する性質なので、原子時計に使われる原子には水素やルビジウムなどいくつかの種類があるが、現在、時間の基準として使われているのは、「セシウム133」という原子を使った原子時計だ。

セシウム133原子の場合、共鳴する周波数は9192631770ヘルツだ。つまり、1秒間に91億9263万1770回振動する。だから、セシウム133原子から出てくる電波の振動を、91億9263万1770回カウントすれば、1秒ということだ。

そうやって1秒が決まるので、原子時計の精度は非常に高く、1955年に初めて開発されたセシウム133原子時計は、300年に1秒の誤差だった。

最新の原子時計はさらに精度が上がっている。原子時計の場合、電波の振動をいかに精緻にカウントするかがポイントで、その技術が上がった結果、最新のものは3000万年に1秒程度の誤差にまでなっている。

まとめ

クオーツ時計は、水晶の薄片に電圧をかけると規則的に振動する性質を利用。

原子時計は、原子が特定の振動数の電波を出す性質を利用したもの

なぜクオーツ時計は「基準」になれなかったのか

現在、1秒は、セシウム133原子から出てくる電波が91億9263万1770回振動するのにかかる時間と定められている。

1秒の定義の変遷を見ると、1799年にフランスでメートル法ができた際、1メートルという長さと1キログラムという重さとともに定められたのが最初だ。このときには「平均太陽日の8万6400分の1」が1秒と定義された。

平均太陽日とは、太陽が南中にきてから次に南中にくるまでの時間の平均だ。つまり、この定義は地球の自転をもとにした定義である。24時間は8万6400秒なので、自転にかかる時間をそれで割った時間を1秒とした。

この定義は1956年まで続いたが、地球の自転スピードは一定ではないことから、次に地球の公転をもとにした基準に替わった。具体的には、地球が太陽のまわりを1周するのにかかる時間を31556925・9747（1年を秒に換算した数字）で割ったものと定義された。ただ、地球の公転運動も一定ではないため、こちらは短く終わり、1967年に導入されたのがセシウム133原子をもとにした現在の定義だ。

つまり、地球の自転、公転の次に採用されたのが原子時計による時間の定義だった。原子時計が開発される前に、クオーツ時計という、それまでの機械式時計に比べると格段に精度の高い時計が発明されたものの、クオーツ時計が時間の基準に用いられることはなかった。なぜだろうか。

基準とするには、ズレが生じないことが大事だ。そのため、自然界にある周期が基準として採用されてきた。クオーツ時計が使っている水晶も自然界の鉱物だが、実際には薄くカットして使われる。そして、カットの仕方によって振動数が変わってしまう。そのため、原子のようにどこでも同じというわけにはいかない。だから、クオーツ時計が刻む時間は、絶対的な基準にはなれなかったのだ。

まとめ
クオーツ時計は水晶のカットの仕方で振動数が変わる

1秒はさらに精緻になるのか

最新のセシウム原子時計は、3000万年に1秒程度の誤差で、10のマイナス15乗秒まで計測できるといわれている。普通に時間を計る道具としては十分すぎるほど正確だが、さらに正確な時計をめざそうと、世界中で研究が行われており、次世代の1秒の定義候補がすでにいくつか登場している。

そのひとつが、「光格子時計」だ。

これは、東京大学の香取秀俊さんが発明したもので、10のマイナス18乗秒まで計ることができる。誤差は、300億年に1秒程度だ。宇宙が誕生してから138億年しか経っていないので、宇宙の始まりからカウントしても1秒もズレないということだ。

光格子時計も原子時計の一種であり、ターゲットとなる原子がもつ固有の共鳴周波数を測定することは同じだ。ただ、セシウム原子時計のセシウム133が出すのはマイクロ波と呼ばれる領域の電波だが、光格子時計に使われているのはストロンチウム原子である。

ストロンチウムが出すのは可視光線の領域にあたる光だ。

ストロンチウム原子は1秒間に約429兆回振動する。セシウム133原子の場合は約92億回だった。つまり、セシウム133が出す電波よりもずっと周波数が大きいので、その分、精緻に1秒をカウントすることができる。

ただし、それだけ速く振動する光の周波数を正確に測定することは非常に難しい。一筋縄ではいかないので、世界中の研究者が試行錯誤を重ねていた。

光格子時計では、多くのストロンチウム原子の出す光の振動数を同時に計測するために、まず「レーザー冷却」という技術を使って原子を冷やして動きを止め、次に「魔法波長」と呼ばれる特別な波長のレーザー光を当てて「光格子」をつくる。

光格子とは、エネルギーの高低差による仮想的なくぼみのようなものだ。よく卵のパックに例えられる。その〝くぼみ〟にストロンチウム原子を1個ずつ閉じ込め、互いに相互作用しないようにした上で、レーザー光を当てて共鳴する光の振動数を測定する。

このやり方では一度に100万個ものストロンチウム原子を同時に測定できるので、その平均を取ることで精度が上がり、短時間で1秒の長さを決めることができる。

かなり専門的な話になるのでイメージすることは難しいかもしれないが、いずれにしてもこのようなやり方で、セシウム原子時計よりも1000倍も精度の高い1秒の計測に成功している。

さらに上を行く研究結果も出てきている。ウィスコンシン大学の研究チームは、「多重化光格子時計」といって、光格子時計を同一の真空空間内に複数並べて計測する新たな時計を開発した。この方法では、誤差は、なんと3000億年に1秒程度になる。3000億年といえば、宇宙年齢の20倍以上だ。

このほかにも新たな時計は考案され続けていて、記録は年々更新されている。果たして私たちの「1秒」はどこまで精緻になっていくのだろうか。

時計の精度が上がれば上がるほど、時空のゆがみを地球上でも計測できるようになって相対性理論の正しさを身近に確かめられるようになったように、物理学のさまざまな理論を正確に確かめることができるようになっていくはずだ。

まとめ
300億年に1秒、3000億年に1秒しかズレない時計がすでに実現している

Column

電波時計は何を受信しているのか

置時計や腕時計で電波時計を使っている人は多いだろう。電波時計は、時刻情報を自動的に受信して常に正確な時刻を表示してくれる時計だ。

電波時計が受け取っているのは、「標準電波」と呼ばれるものだ。日本標準時などの正確な時刻情報を伝えるための電波で、「情報通信研究機構」という総務省所管の組織によって運用されている。送信所は、東は福島県の大鷹鳥谷山、西は佐賀県の羽金山の山頂付近にあり、その2カ所から全国に標準電波を発信している。それぞれの電波時計は、その2カ所から発信された電波を受信し、正確な時刻を保っている。

では、その〝正確な時刻〟はどうやってつくられているのだろうか。

日本標準時を決めているのも、配信元である情報通信研究機構だ。ここには、セシウム原子時計18台と、水素原子の共鳴周波数をもとに1秒を決める「水素メーザー原子時計」4台があり、それらが表す時刻を平均することで、正確な時刻を割り出している。

未来へ飛ぶタイムマシンと過去に戻るタイムマシンは同じか

ここまで時間を扱う道具がどのように進化してきたのかを順に見てきた。最後に、未来に目を向けよう。未来の時間の道具といえば、タイムマシンだ。

タイムマシンといえば、過去や未来の世界に自由に旅行することができる道具だ。『ドラえもん』のひみつ道具のタイムマシンも、乗り込んで、行きたい時代をセットすれば過去だろうと未来だろうと自由に行くことができる。

『ドラえもん』ではタイムマシンは２００８年に発明されたことになっているが、２０２３年現在、私の知る限り、タイムトラベルを実現するタイムマシンはまだ発明されていない。なおかつ、もしもタイムマシンが発明されるとしたら、まずは未来にのみ行くことのできるタイムマシンが先だと思う。というのは、未来へのタイムトラベルと過去へのタイムトラベルは難度が違うからだ。

未来へのタイムトラベルは、実はもう実現している。

特殊相対性理論を思い出してほしい。高速で運動する物体の時間はゆっくり流れるというのが、特殊相対性理論が教えてくれることだ。

この理論を使うと「宇宙空間を猛スピードで旅行して帰ってくると、地球上では100年が経っているのに、宇宙旅行をしていた人は1年も経っていなくて、100年後の未来の地球に戻ってくる」といったことが可能になる。

もちろん人間では難しいが、粒子であれば実験室ではすでに日常的に起きている。

寿命の短い小さな粒子をものすごいスピードで飛ばすと、本来、その粒子はすぐに壊れるはずなのに、なぜか壊れず長く存在することが確かめられている。

例えば、1ミリ秒で壊れるという性質をもつ粒子があるとする。その粒子をものすごいスピードで飛ばすと、本来は1ミリ秒しか存在できないはずなのに、1秒後の世界にも存在しているといったことが起こる。それは、その粒子が未来の世界にタイムスリップしたからだ。

世界が1000年進む間に、自分は1年しか時間が進まないようにしたら、それは未来に行ったことになる。粒子では実際に可能なのだ。

人間は大きいので、粒子のように光速に近いスピードで動かすことは今のところできない。ただ、人間も粒子の集まりなのだから、小さな粒子で実現可能ということは人間でも理論的には可能だ。

ところが、過去へのタイムトラベルとなると話が変わる。時間の進みをどんなに遅らせようと過去には戻らないので、特殊相対性理論は使えない。過去に行くには時間を逆転させなければいけない。

可能性があるとすれば、一般相対性理論を使って時空間をねじ曲げて過去につなげるという方法だ。一般相対性理論は、重力が時空間をゆがませて時間の進みを遅くするというものだ。

宇宙を観測すると光がやたらとゆがんで見えるところがあり、強い重力がかかるところでは時空間がねじ曲がることは確かだ。そのねじ曲がり具合を極端にすることで、時空間を過去の時空間につなげることは、理論的にはかなり強引ながら可能だ。理論上は否定されていない。

ただし、別の問題がある。過去を変えるといろいろな矛盾が出てくる。例えば、過去に戻って、過去の自分を殺したとしたら、果たして過去に戻った自分とは一体何者なのか。もう存在しなくなったはずの〝自分〟がいることになってしまう。

そのパラドックスを解決する仮説としてよく語られるのは、パラレルワールドだ。過去が変われば、自分が過去に戻った世界と戻らない世界に分離して、さらに、過去に戻って自分を殺したら自分を殺した世界と殺していない世界に分離し、過去の自分を殺した人は殺されていない世界からやってきていると考えれば、一応矛盾は解決する。量子論の多世界解釈などを考えれば、過去へのタイムトラベルも否定はされない。一方で、未来へのタイムトラベルは理論的に可能であるだけではなく、粒子においては現実に起きている。だから、未来へ飛ぶタイムマシンと過去へ戻るタイムマシンの実現度は、大きく違う。

まとめ

未来へのタイムトラベルは実験室で現実に起きている。未来へは特殊相対性理論、過去へは一般相対性理論が使えるが、過去に戻ると矛盾が生じるので難しい

Column

タイムマシンの研究は進んでいるのか

物理学においてタイムマシンやタイムトラベルについて常時研究されているわけではない。前著『日常の不思議を物理学で知る』で紹介した、コネチカット大学のロナルド・マレットのように真剣に研究している学者もなかにはいる。しかし、彼自身も相対性理論の研究者であり、タイムマシンのことだけを研究しているわけではない。

ただ、どうやったらタイムトラベルが可能になるのか、どうすればタイムマシンは実現できるのかといったことを考えるのは面白いので、ときに興味の赴くまま散発的に研究され、興味深い結果が出てくることもある。

例えば、マイケル・モリスとキップ・ソーンが「ワームホール」に関する論文を発表したのは、後に映画化されたSF小説『コンタクト』を書いていたカール・セーガンからソーンが相談を受けたことがきっかけだったという。物語の中で遠方の星にワープするシーンがあり、相対性理論に矛盾することなくワープするにはどうしたらいいか、相談を受けたソーンは、人間が通り抜けられるワームホールのつくり方について考察した。

ワームホールとは、時空の抜け道のことだ。時空間をねじ曲げて離れた2地点を近づけたうえで、その2地点をつなぐトンネルをつくれば、時空間をワープすることができる。

ただ、ワームホールは非常に不安定であり、人が通り抜けできる大きさのトンネルを安定して保つには工夫が必要だった。そこで、ソーンらは研究を重ね、さまざまな計算をしたところ、マイナスのエネルギーをもつ物質があれば、トンネルを安定的に保てるとの結論に達し、そのことを論文にまとめて発表した。

そのように小説や映画をきっかけにタイムマシンやタイムトラベルの研究が進むことはときにある。そして、ひとつ面白い結果が出ると、他の研究者たちも面白がって追随したりする。

ホーキングも、タイムトラベルに興味をもっていたそうだ。タイムトラベラー歓迎のパーティを実験したこともある。誰にも知らせずにパーティを開き、パーティが終わった後で招待状を一般公開したのだ。もしも過去に戻ることのできるタイムトラベラーがいたら、パーティに参加することができるだろう。結果は参加者ゼロで、タイムトラベラーは現れなかった。ホーキングが亡くなった際に営まれた追悼式でも、一般申し込みのサイトの生年月日を入力する欄は２０３８年12月31日生まれまで選べるようになっていた。つまり、タイムトラベラー歓迎の追悼式だったのだ。

時空間の平面イメージ

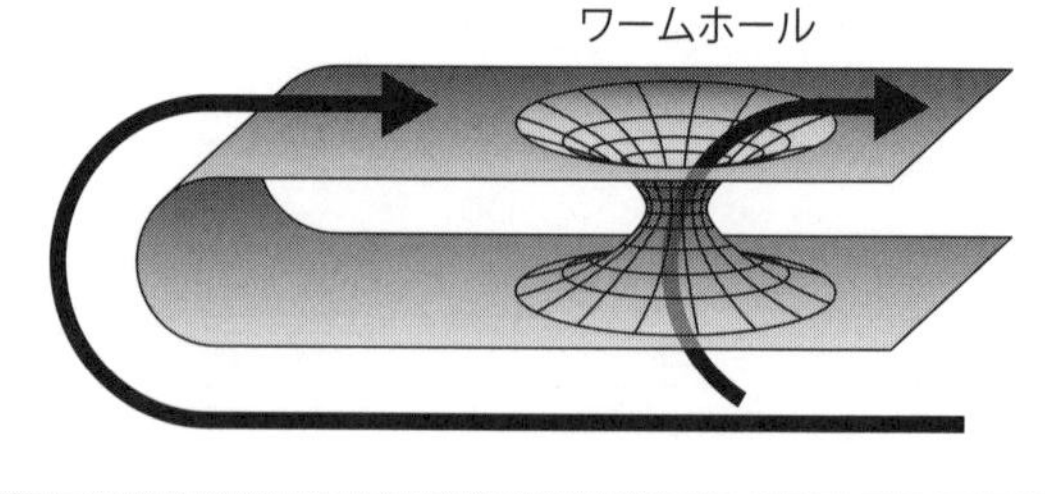

5章

身の回りの時間

——1日はいつも24時間か

体感する時間は伸び縮みする

楽しい時間はあっという間に過ぎ去るのに、退屈な時間は遅々として時計の針が進まない。あるいは、子どもの頃の1日は十分に長かったのに、大人になって年を重ねれば重ねるほど、1日どころか1カ月も1年もあっという間に過ぎていく——。

そんなふうに感じている人は多いだろう。なぜこんなにも違うのか、と。

私も、小学生のときに「去年よりも今年は時間が短くなっているんじゃないか」と感じ、「あれ？」と思った記憶がある。小学校4、5年生のときだったと思う。

小学校では運動会や遠足などいろいろな行事があるが、あるとき、「運動会からもう1カ月が経ったのか」とびっくりした。もっと子どもの頃には、1カ月後なんてはるか彼方にあるような気がしたのにそうでもないな、と子ども心に思ったことを妙に覚えている。

中学生になると、「去年の1年よりも今年の1年のほうが短い」とはっきり気づいてしまった。そして、「なぜだろう？」とその理由を真剣に考えていた。

まず思ったのが、それまでの経験時間が違うということだ。例えば、5歳であれば5年間しか生きていないので、5歳の子どもにとっての1年は人生の5分の1だ。一方、15年生きている人にとっては15分の1になる。経験した年数に対する比率がどんどん小さくなっていくから、年々、時間が短く感じるようになるのかなという結論に至り、そのときには自分なりに納得していた。

実はこの考え方には名前がついているそうだ。提唱者の名前にちなんで、「ジャネーの法則」と呼ばれている。今から100年以上も前、19世紀にポール・ジャネーというフランスの哲学者が提唱し、心理学者である甥のピエール・ジャネーが著書で紹介した。ただ、このジャネーの法則は「よくよく考えるとおかしい」と、のちに否定されている。極端なことをいえば、0歳の赤ちゃんは無限の時間を感じていることになるし、80歳の人の1年は40歳の人の1年のぴったり半分なのか、1歳の子どもの1年の80分の1になるのかというと、とてもそうは思えない。もしもジャネーの法則が正しいなら、5歳の子どもにとっての時間と30歳の人にとっての時間は6倍違うことになり、5歳のときの1時間を基準にすれば30歳では1時間が10分間に感じられることになる。しかし、それほどの違いはないだろう。

おおまかには納得しても、ぴったり「人生の年数分の1」かというと相当無理があるように思う。ジャネー自身も、直感的に考え出した説であり、実験で検証したわけではない。というわけで、現在ではジャネーの法則はおかしいという結論に至っている。

その後、心理学では、どういうときに時間の進みが速く感じられたり遅く感じられたりするのか実験で検証されているものもある。例えば、身体代謝が活発な時間帯のほうが時間の進みが遅く感じられる、新しい出来事を体験する数が多いほど、また時間経過に注意を向けるほど時間の進みは遅く感じやすい、など。子供は大人にくらべて代謝が活発なので、時間を長く感じられるのは、そういう理由もあるのだろう。

また、脳科学の分野では脳波を測って私たちがどのように時間を知覚しているのかを調べる研究が行われているが、時間情報の処理だけに特化した脳の領域は見つかっていない。つまり、時間の感じ方には脳内のいろいろな領域が関わっているということだ。

ちなみに、アインシュタインは次のような言葉を残している。

熱いストーブに1分間手を載せてみてください。
まるで1時間ぐらいに感じられるでしょう。

ところが、かわいい女の子といっしょに1時間座っていても、1分間ぐらいにしか感じられません。

それが、相対性というものです。

（『アインシュタイン150の言葉』ジェリー・メイヤー&ジョン・P・ホームズ編　ディスカヴァー21）

アインシュタインが言ったとされている言葉のなかには時折、嘘があり、例えば「複利は人類最大の発明である」という言葉もアインシュタインが言ったとされているが、どうやらマーケティングのなかで勝手にアインシュタインの名前が使われただけらしい。しかし、先の時間の台詞は実際にアインシュタインの言葉である。時間の感覚は何によって変わるのかという答えはまだわからないが、時間は間違いなく相対的であるということだ。

まとめ

体感する時間は年齢に反比例するという「ジャネーの法則」は否定されている

なぜ時間だけは60進法なのか

長さも重さも温度もお金も、日常生活で使われるほとんどの「数え方」は、10進法だ。ところが、時間に関しては、1時間は60分で、1分は60秒と、60進法が使われ続けている。なぜだろうか。

60進法を考案したのは、メソポタミア文明を築いたシュメール人だといわれている。それが同じ地で文明を築いたバビロニア人に受け継がれ、時間の数え方にも用いられた。なぜ「60」だったのかというと、ひとつには、バビロニア人は手の関節を使って数を数えていたからだといわれている。

親指以外の4本の指の関節は12個ある。それを1セットとして、もう片方の手で何セットあるかを数えると、60まで数えることができる。

また、60という数字は約数が多い。半分にも、3分の1にも、4分の1、5分の1、6

分の1、10分の1にもできる（12、15、20、30、60でも割れる）。そういう意味で、使い勝手のいい数字だったのだ。

指を使って数を数える

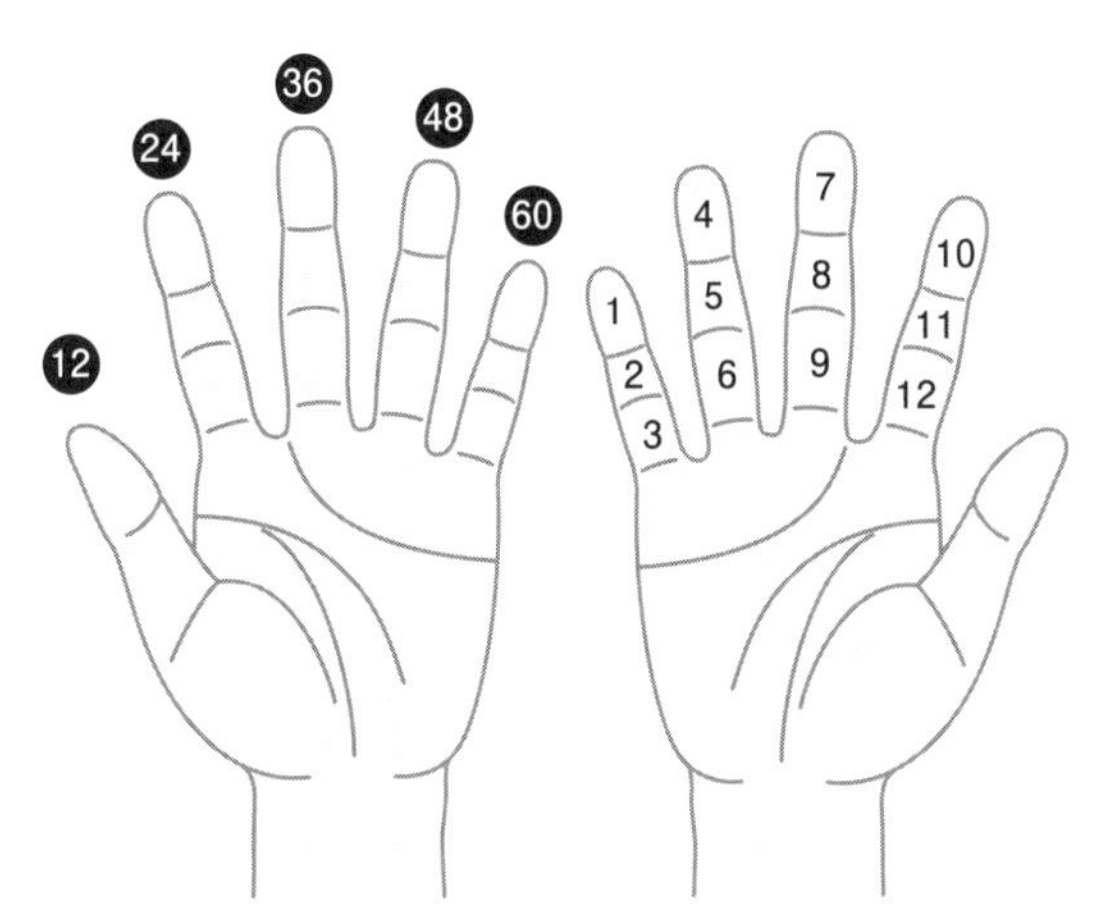

親指で関節を1から順に触っていって、12まで数えたら、反対側の手の指をひとつ折る。そうすると60まで数えられる

一方、1日が24時間になったのは、午前と午後をそれぞれ12に分けたことに由来する。1日を分けることを最初に行ったのは、エジプト人だといわれている。12という数字が使われたのは、4本の指の関節で数えられたほか、新月から新月までをひと月として12回繰り返せば季節が巡ることが知られていたからだ。また、12という数字も約数が多く、分けやすい。

古代エジプトで最初に使われた時計は日時計だったので、まず昼を12に分け、夜は星の動きをもとに12の時間に分けられた。そうして、昼と夜がそれぞれ12に分けられる形になった。

だから、60や12をひとくくりにして時間を分ける数え方は、かなり昔からの習慣だ。

だが、フランス革命後のフランスでは、すべてを10進法に基づく数え方にしようと、「フランス革命暦（共和暦）」と呼ばれる、新しい暦と時間の単位が使われたことがある。

フランス革命暦では、1年は12カ月のまま、ひと月はすべて30日になり、残りの5日（うるう年は6日）は休日とされた。

そして、7日間を1週間としてひとくくりにするルールも止めて、新たに「デカード」と呼ばれるくくりを設け、10日間を1デカードとし、3つのデカードで1か月とした。また、1日は10時間に分けられ、1時間は100分、1分は100秒とされた。

この新しいルールは1793年に制定され、どうにか使われていたものの、あまりなじまなかったようで、わずか13年後の1806年には、60進法を使う元のグレゴリオ暦に戻っている。

時間の数え方を10進法にしようと試みた頃、メートル法が制定されて、長さ（メートル）も体積（リットル）も重さ（グラム）も10進法に基づく単位に統一された。これらは今でも使われているが、時間だけは10進法の波から逃れた。

10や100は半分にはできても、3つには分けられない。あるいは1日10時間だと、昼と夜に分けて、さらにそれを半分にしようとすると2・5時間になり、すぐに中途半端になってしまう。

時間だけは10進法がなじまず、60や12という数字が使われ続けているのは、生活の中で時間を分けるという感覚があり、分けやすい数字であることが非常に大事なポイントだからだろう。

まとめ
60も12も約数が多く、分けやすい。
指の関節を使った昔の数の数え方にも由来している

1日には3種類ある

1日とは、地球が1回自転する時間のことだと多くの人は思っているだろう。しかし、厳密にいえば少し違う。

地球が360度ぐるりと回る、つまり1回自転するのにかかる時間は「恒星日」と呼ばれる。宇宙空間にある遠くの恒星から見たときに、地球が1回自転するのにかかる時間だ。

一方、私たちが普段「1日」と呼んでいるのは、太陽が真南に来てから次の日にまた真南に来るまでにかかる時間だ。その平均時間が24時間なので、1日は24時間とされている。こちらの1日を「太陽日」と呼ぶ。

地球が自転するから、太陽が地球のまわりを動いているように見えるのだから、恒星日も太陽日も同じでは……と思うかもしれない。しかし、実際は4分ほど違う。恒星日のほうが4分弱短い。

なぜなら、地球は自転しながら太陽のまわりを同じ向きに公転しているからだ。地球が文字どおり一回転したとき、前の日に太陽がいた位置には太陽はおらず、ほんの少しズレたところに太陽はいる。だから、地球は360度よりもほんの少し余計に回ることになり、太陽日の1日は恒星日の1日よりも長くなる。その差が4分弱だ。

私たちの生活は太陽の動きを中心としているので、恒星日の存在を知らなかった人は多いかもしれない。ただ、天体観測においては恒星日がよく使われる。

さらに言えば、現在はセシウム原子時計（169ページ参照）で計った1秒を「1秒」と定義する、と決まっている。そのためセシウム原子時計が刻む1秒をもとにした1日もある。

地球は完全な球体ではないうえ、公転しながら自転しているので、常にまったく同じ時間で一回転することはできない。地球の動きにはどうしても揺らぎがある。

そのため、時間の定義に地球の動きを使うのは都合が悪いということで、より正確な「原子の振動周期」を基準に1秒が定められるようになった。具体的には、すでに紹介したとおり、セシウム133という原子から出てくる電波が、91億9263万1770回振動するのにかかる時間が1秒と定められている。

この私たちが決めている1秒をもとにした1日（1秒×60×60×24＝8万6400秒）と、太陽日の1日との間にもわずかながらズレが生じる。基本的には、太陽日の1日のほうがわずかに長い。

「うるう秒」は廃止になった

セシウム原子時計に基づく1日と太陽日の1日のズレはミリ秒単位だ。つまり、1秒の1000分の1レベルだが、数年積み重なると1秒前後ズレてしまう。

そのため、「協定世界時」という世界的に使われている公的な時間は、セシウム原子時計が刻む時間をベースにしつつ、それが太陽日と大きくズレないよう、0・9秒を超えてズレそうなときには、1秒を追加するという形でこれまで調整されてきた。つまり、数年に一度「うるう秒」を追加することで自然のリズムと合わせていた。

うるう秒を加えるときには、日本では9時0分0秒の前に8時59分60秒が入れられる。1972年7月1日に初めてうるう秒の調整が行われて以来、これまでに27回行われていて、直近では2017年1月1日に「8時59分60秒」が存在した。

ただ、このうるう秒は2035年までに廃止されることになっている。世界共通の単位を維持するために4年に一度開催される「国際度量衡総会」で、少なくとも100年はうるう秒による調整を行わない方向で話し合いがまとまったのだ。うるう秒を入れなければ、太陽日とは少しずつズレていく。

うるう秒を追加すると社会の時計が狂ってしまう。59秒と00秒の間に通常は存在しない「60秒」という時刻を入れて調整しなければいけないため、システム障害が多々起こり、IT業界はその対応が大変だった。

100年経てば分単位でズレてくるが、それによる不都合よりも、システム障害などの不都合のほうが社会への影響は大きいということだ。ただ、数十分、数時間とズレていったときにどう調整するかは、将来の世代へ託すのだろうか。

まとめ
地球が一回転する「1日」、太陽の動きが一周する「1日」、原子時計による「1日」はそれぞれ違う

その昔、地球の1日は5時間だった

「1日」には種類があると先ほど述べたが、いずれにしても「1日」の長さは、およそ24時間だ。だが、昔からずっと24時間だったわけではない。

地球の自転の速さには月が深く関わっている。地球ができたのは約46億年前だ。月形成の巨大衝突説によれば、テイアと呼ばれる火星ほどの大きさの小惑星が地球に衝突し、そのかけらが集まって月ができたとされるのが、約45億5000万年前だ。

地球が誕生した頃、地球の自転周期は5時間前後だったと考えられている。それが今は24時間にまで遅くなったのはなぜかといえば、月のせいだ。いや、月のおかげだろうか。

月の引力によって潮の満ち引きが起こることは、よく知られている。地球と月の間には互いに引き合う力が働いていて、月のある方向に海水は引っ張られる。一方で、その間も地球は自転をしていて、地球が自転する方向と月が海水を引っ張る向きが逆なので、海水と海底の間には摩擦が生じる。これを潮汐摩擦と呼び、潮汐摩擦が地球の自転にブレーキをかけるので、地球の自転周期は遅くなっている。

そのため、長いスパンで見ると地球の自転スピードはだんだん遅くなっていて、地球の1日は長くなっている。100年間でおよそ1000分の2秒ずつ長くなっている。

ただし、短いスパンで見ると、地球の自転周期は長くなったり短くなったりを不規則に繰り返していて、一定しない。自転スピードの変化には、潮汐摩擦以外にもいろいろな要因が関わるため、予測することはかなり難しい。

例えば、地球の近くを通る小惑星の影響を受けたり、隕石が地球に落ちてきたりすることでも自転スピードは変わるだろう。地球の自転と同じ方向に隕石が落ちてくれば自転は速くなり、逆方向に落ちてくれば遅くなる。あるいは、地球の中心部のコアの動きや、温暖化による海水の分布の変化なども関係してくる。

とにかくいろいろなファクターが関わりすぎ

地球の自転の速さはなぜ変わる？

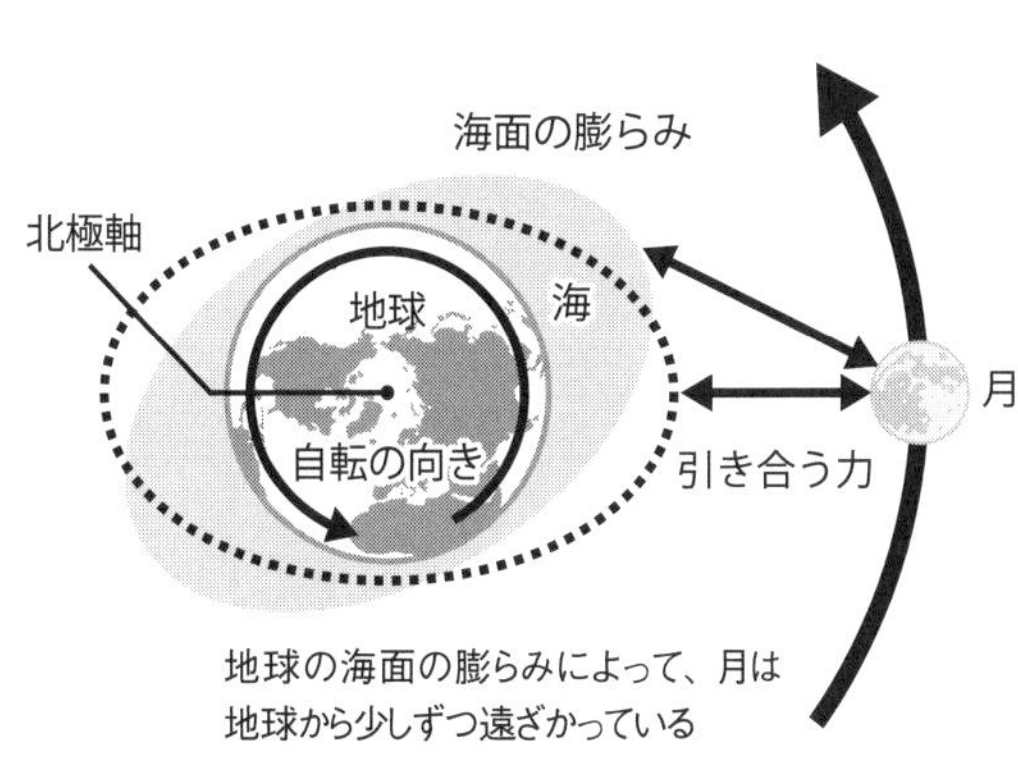

月に引かれて海が変形する間に、地球が自転するので、海面の膨らみが月の正面からズレる。それによって地球の海面では、潮汐摩擦が発生し、地球の自転にブレーキがかかる

て、次の年にどれくらい速くなるのか遅くなるのかは予測できない。だからこそ、これまでは「うるう秒」を入れることで、地球の自転に合うように時間を微調整していたのだ。

月は地球から遠ざかっている

月の影響で地球の自転が遅くなっている一方で、月のほうも影響を受けている。月は、地球からだんだん遠ざかっている。

「角運動量保存の法則」というものがある。角運動量とは回転運動の勢いを表す量だ。回転のスピードが速いほど、回転する物体が重いほど、回転半径（回転の中心からその物体までの距離）が大きいほど、角運動量は大きくなる。

角運動量保存の法則は、「外部から力が加わらない限り、角運動量は変化しない」という法則だ。つまり、物がくるくると回っているとき、物体の質量は同じなので、回転半径を大きくすると回転のスピードは遅くなり、回転半径を小さくすると速くなる。

フィギュアスケートのスピンを思い浮かべてもらうとわかりやすい。くるくる回るときに広げていた腕を縮めると、回転の速度が上がる。これは、腕を縮めることで回転半径が小さくなる分、スピードが増すからだ。

この角運動量保存の法則は、地球の自転と月の公転にも当てはまる。

まず地球が46億年前に誕生してからずっと回り続けているのも、空気抵抗のない宇宙では角運動量が保存されるからだ。ただ、地球の自転のスピードは遅くなっている。ということは地球の角運動量は減っている。角運動量は保存される（変化しない）はずなのに、減っているということは、代わりに増えた角運動量があるはずだ。それが、月の角運動量、つまり月の公転運動だ。月は地球のまわりを公転しているので、一体として考えることができ、地球の自転の角運動量と月の公転の角運動量の合計が保存されることになる。

地球の自転が遅くなると、角運動量が減り、その分、月の公転の角運動量が増える。つまり、月の公転の回転半径が増えていく。そのため、月は少しずつ地球から離れた場所を公転するようになる。実際、月は1年に約3・8センチメートルずつ地球から遠ざかっている。

まとめ

潮汐摩擦で地球の自転は遅くなっている。
その分、月の公転運動の勢いが増し、月は地球から遠ざかっている

1年は365日か

1日の長さが伸び縮みするように、1年の長さも、「365日」ではない。

地球が太陽のまわりを一周して戻ってくるまでを「1年」とすると、1年はおおよそ365・2422日だ。「おおよそ」と書いたのは、太陽のまわりを回っているのは地球だけではなく、他の惑星の影響を受けて地球の公転周期はわずかにズレていて一定ではないからだ。

いずれにしても365日ぴったりではない。だから、「うるう年」が必要なのだ。

うるう年のルールはこうだ。

①基本的には、4年に一度、4で割り切れる年をうるう年として1日追加する。
②ただし、100で割り切れる年はうるう年とはしない。
③400で割り切れる年はうるう年とする。

具体例を挙げれば、2024年は4で割り切れて、うるう年なので2月29日が存在する。だが、2100年は100で割り切れるのでうるう年にはならない。ただ、2000年は400でも割り切れるので、うるう年になる。

こうしたルールが取り入れられたのは、1582年のことだ。それまで使われていた「ユリウス暦」が改定され、現在使われている「グレゴリオ暦」に替わった。ユリウス暦をつくったのは、古代ローマの英雄として知られるユリウス・カエサル（英語名ではジュリアス・シーザー）だ。

紀元前45年頃から使われたといわれているユリウス暦でも、4年に一度のうるう年は設けられていた。1年の長さはぴったり365日ではなく、それよりも4分の1日ほど長いことに当時から気づいていたのだ。

だが、②と③のルールはなかった。そのため、1年間で約11分ずつ本当の1年とはズレてしまい、グレゴリオ暦が導入された16世紀にもなると、実際の季節とのズレが感じられるようになっていたのだ。ちなみに、カエサルの時代にも11分のズレに気づいていたという。ただ、大したことはないだろうと無視されていたのだ。

結局、そのズレを調整するために②と③のルールが加わったグレゴリオ暦が採用され、今に至っている。


ところで、日本で現在のグレゴリオ暦が使われるようになったのは、わりと最近で、明治に入ってからだ。それまでは「太陰太陽暦（旧暦）」が使われていた。

太陽暦はグレゴリオ暦やユリウス暦のように太陽の動きを基準にしたものなのに対し、太陰太陽暦は月の満ち欠けを基準にしたものだ。新月から次の新月までを1カ月とし、その平均が29・5日なので、太陰太陽暦では29日の月と30日の月がほぼ交互に訪れる。


ただ、そうすると1年は354日（29・5×12）しかない。12カ月が経っても、まだ季節は戻らないという状況になってしまう。そのため、太陰太陽暦では太陽の動きも考慮して、2、3年に一度（19年で7回）、うるう月として13番目の月を入れる。そうやって暦を実際の季節に合わせていた。

グレゴリオ暦が当たり前になっている今の感覚では、たまに13番目の月が入るのは不思議に感じるかもしれない。しかし、新月を迎えると新しい月になるというのは、感覚的にはわかりやすい。昔の人は、暦を見なくても月の形で日にちがすぐにわかったのだ。

しかし、江戸から明治に時代が変わり、飛脚便が郵便制度に替わり、鉄道が開業するなど西洋化が進むなかで、暦も西洋化された。太陰太陽暦からグレゴリオ暦に替わり、同時に時刻制度もガラリと変わった。それまでの昼と夜に分けてそれぞれを6等分する「不定時法（昼と夜で時間の長さが変わる時刻制度）」から、1日を24等分にする「定時法」に改められたのだ。

江戸から明治にかけては、日本人にとって時間というものがガラリと変わった時代だった。

まとめ

地球が太陽のまわりを1周する「1年」は365日よりもわずかに長い。暦と実際の季節を合わせるために、うるう年やうるう月（旧暦）が入る

おわりに

時間についていろいろな側面から見てきたが、時間というものがなぜ存在するのか、時間の本質とは何なのか、本書で俯瞰してきたようにさまざまな説がある。明確な答えはまだ出ていない。それどころか、見かけ上は流れているように見える時間が、物理的には本当に流れているのかすらも怪しい。

また、時間と空間は「時空間」とセットで語られるが、空間には3つの次元があるのに時間にはひとつしかない。なぜ空間だけ多いのだろうか。その物理的な必然性を明かすのも難問のひとつだ。

人間が世界を理解するために時間をつくり出しているという考え方もある。つまり、人間が時間を認識できる世界でしか、人間は世界を認識することができないし、生きることもできない。

時間が流れることによって、「あれがこうなって、これがこうなって……」と、人間は論理的に物事を考えることができる。もし人間が時間を認識できなければ、思考することすらできない。だから、「なぜ時間が流れるのか」という疑問すら抱けない。時間が流れているように見える世界でしか、「時間はなぜ流れるのか」という疑問は出てこないのだ。

時間を空間に変えて考えると、もう少しわかりやすいかもしれない。

「空間はなぜ三次元なのか」はわからないが、もしも二次元だったり四次元だったりすれば、人間は生きられないことがわかっている。この宇宙のように三次元の世界にしか、人間は存在しない。だから、「なぜ三次元なのか」という疑問は、三次元の世界でしか出てこない。四次元の世界には人間がいないので、そんな疑問すら出てこないのだ。

時間も同じだ。

結局、時間が流れていると人間が感覚する世界でなければ、人間は存在しない。時間が存在しない世界があってもいいはずだが、そういう世界があったとしても、人間はそこには存在しないから、認識することはできない。そのような世界では、時間はあってもなくても一緒かもしれない。

時間とは何なのか、最終的な答えが出るまでには、これから果てしのない思考と計算、観測と実験が必要だろう。もしかすると、永遠にその答えは見つからないかもしれない。しかし、時間の存在・本質についてこうやって考えられるのは、やはりこの宇宙に時間が存在し、流れているからなのだろうと思わずにはいられない。

謝辞

宇宙の終わりに関する一部の内容については、高エネルギー加速器研究機構の磯暁教授にご教示いただきました。また、山と溪谷社の高倉眞さんには、企画から出版に至るすべての場面でお世話になりました。ライターの橋口佐紀子さんには、取材を通じて私が説明した内容について、一般読者の目線からわかりやすく親しみやすい文章にまとめていただきました。お世話になった方々に深く感謝いたします。

参考文献

『ホーキング、宇宙を語る　ビッグバンからブラックホールまで』スティーブン・W・ホーキング、林一訳（早川書房）1995年
『アリストテレス全集4　自然学』内山勝利訳（岩波書店）2017年
『プリンシピア　自然哲学の数学的原理　第I編　物体の運動』アイザック・ニュートン、中野猿人訳（講談社）2019年
『人間の建設』小林秀雄・岡潔（新潮社）2010年
『ベルグソン全集　3』鈴木力衛・仲沢紀雄・花田圭介・加藤精司訳（白水社）1965年
『時間の終わりまで　物質、生命、心と進化する宇宙』ブライアン・グリーン、青木薫訳（講談社）2021年
『宇宙を織りなすもの　時間と空間の正体　上下』ブライアン・グリーン、青木薫訳（草思社）2009年
『時間は存在しない』カルロ・ロヴェッリ、冨永星訳（NHK出版）2019年
『すごい物理学講義』カルロ・ロヴェッリ、竹内薫監訳、栗原俊秀訳（河出書房新社）2017年
『タイム・イン・パワーズ・オブ・テン　一瞬から永遠まで、時間の流れの図鑑』ヘーラルト・トホーフト、ステファン・ヴァンドーレン、サスキア・アイスバーグ＝トホーフト、東辻千枝子訳（講談社）2015年
『宇宙の誕生と終焉　最新理論で解き明かす！　138億年の宇宙の歴史とその未来』松原隆彦（SBクリエイティブ）2016年
『時計の時間、心の時間　退屈な時間はナゼ長くなるのか？』一川誠（教育評論社）2009年
『時計』山口隆二（岩波書店）1956年
『1秒って誰が決めるの？　日時計から光格子時計まで』安田正美（筑摩書房）2014年
『時計の科学　人と時間の5000年の歴史』織田一朗（講談社）2017年
『時間の日本史　日本人はいかに「時」を創ってきたのか』佐々木勝浩・井上毅・広田雅将・細川瑞彦・藤沢健太（小学館）2021年
『どうして一週間は七日なのか　大発見①』ダニエル・ブアスティン、鈴木主税・野中邦子訳（集英社）1991年
『時間と時計の歴史　日時計から原子時計へ』ジェームズ・ジェスパーセン、ジェーン・フィッツ＝ランドルフ、高田誠二・盛永篤郎訳（原書房）2018年
『図説　時計の歴史』有澤隆（河出書房新社）2006年

松原隆彦（まつばら・たかひこ）
高エネルギー加速器研究機構、素粒子原子核研究所・教授。博士（理学）。京都大学理学部卒業。広島大学大学院博士課程修了。東京大学、ジョンズ・ホプキンス大学、名古屋大学などを経て現職。主な研究分野は宇宙論。日本天文学会第17回林忠四郎賞受賞。著書は『現代宇宙論』（東京大学出版会）、『宇宙に外側はあるか』（光文社新書）、『宇宙の誕生と終焉』（SBクリエイティブ）、『文系でもよくわかる 世界の仕組みを物理学で知る』『文系でもよくわかる 日常の不思議を物理学で知る』（ともに山と溪谷社）など多数。

文系でもよくわかる
宇宙最大の謎! 時間の本質を物理学で知る

2023年10月５日　初版第1刷発行

著　者　松原隆彦
発行人　川崎深雪
発行所　株式会社 山と溪谷社
〒101-0051
東京都千代田区神田神保町1丁目105番地
https://www.yamakei.co.jp/

印刷・製本　大日本印刷株式会社

●乱丁・落丁、及び内容に関するお問合せ先
山と溪谷社自動応答サービス
電話 03-6744-1900
受付時間／11：00～16：00（土日、祝日を除く）
メールもご利用ください。
【乱丁・落丁】service@yamakei.co.jp
【内容】info@yamakei.co.jp
●書店・取次様からのご注文先
山と溪谷社受注センター
電話 048-458-3455　FAX 048-421-0513
●書店・取次様からのご注文以外のお問合せ先
eigyo@yamakei.co.jp

ISBN978-4-635-13017-2

編集　高倉 眞
　　　橋口佐紀子
デザイン　松沢浩治（DUG HOUSE）
本文イラスト　ガリマツ
校正　中井しのぶ

写真提供（カバー右下）：PIXTA